# 边坡泥化夹层渐进损伤宏细观机理研究

胡启军　何乐平　辜钰程　著

U0252602

科学出版社

北京

# 内 容 简 介

　　本书基于数字图像处理技术，实现了泥化夹层宏细观组构特征的量化表征；提出了泥化夹层复杂多相结构简化方法，实现了微细观结构"多相→二相"的有效转化，获得了基于细观结构特征的泥化夹层代表性体积单元；基于复合材料细观力学理论，提出了基于有限元与离散元的泥化夹层细观力学模型构建方法；结合 CT 扫描、扫描电子显微镜、图像处理等技术，揭示了复杂环境下泥化夹层宏细观结构渐进损伤演化规律，阐明了泥化夹层宏细观损伤的关联机制，为露天矿山及边坡工程的安全治理提供了一定的理论支撑。

　　本书可供地质工程、岩土工程、道路工程等专业的高校师生以及相关工程技术人员与科研人员参考。

**图书在版编目(CIP)数据**

边坡泥化夹层渐进损伤宏细观机理研究 / 胡启军, 何乐平, 辜钰程著.
— 北京: 科学出版社, 2021.11
　ISBN 978-7-03-067522-4

Ⅰ. ①边… 　Ⅱ. ①胡… ②何… ③辜… 　Ⅲ. ①边坡−粘土化−研究
Ⅳ. ①TV698.2

中国版本图书馆 CIP 数据核字 (2020) 第 258237 号

责任编辑：莫永国　陈　杰 / 责任校对：彭　映
责任印制：罗　科 / 封面设计：墨创文化

**科 学 出 版 社** 出版

北京东黄城根北街16号
邮政编码：100717
http://www.sciencep.com

*成都锦瑞印刷有限责任公司* 印刷
科学出版社发行　各地新华书店经销

\*

2021 年 11 月第 一 版　　开本：B5（720×1000）
2021 年 11 月第一次印刷　　印张：7 1/4
字数：148 000
定价：69.00 元
（如有印装质量问题，我社负责调换）

# 前　　言

为推进我国"一带一路"倡议和新一轮西部大开发等国家战略，中西部地区正新建和规划大量的高速铁路、公路等基础设施，而该区域地势复杂、地质条件恶劣，基础设施的修建势必面临一系列边坡稳定性问题。泥化夹层作为坡体中常见的一种软弱结构面，对坡体稳定性起到控制作用。国内外学者针对泥化夹层的研究主要集中于宏观力学性质方面，对于导致宏观力学行为改变的微细观机理还需深入解释。本质上来说，泥化夹层宏观破坏是其内部微细观缺陷的集中体现，微细观缺陷发展为宏观裂纹的过程称为渐进损伤。因此，从细观尺度出发，研究泥化夹层细观到宏观的渐进损伤过程是揭示含泥化夹层边坡破坏行为的一种有效手段。

本书以由表及里、由现象到本质、由宏观到微观为研究思路，基于数字图像处理、材料分析测试、复合材料细观力学等理论与技术，实现了泥化夹层微细观组构的量化表征，阐明了泥化夹层微细观结构与宏观力学特性的关联机制，揭示了复杂环境下泥化夹层宏细观渐进损伤破坏规律，有助于对含泥化夹层坡体的稳定性进行准确评判，为基础设施施工和运营阶段的安全保驾护航。

本书的编写参阅了大量国内外有关工程地质、数字图像处理、岩土力学、复合材料细观力学等方面的文献，在此谨向文献的作者们表示感谢。同时，感谢曾参与本书科研工作的蔡其杰、杨晓强、叶涛、何天军、轩昆鹏、汤伟等人。此外，本书受国家自然科学基金面上项目（51574201，52078442）、四川省杰出青年科技人才项目（2019JDJQ0037）资助，在此表示感谢。

由于作者时间和水平有限，书中难免存在疏漏之处，敬请读者批评指正。

作者

2020 年 12 月 22 日

# 目　　录

# 第一章 绪 论

## 1.1 问题的提出

随着国家"一带一路"倡议和新一轮西部大开发、"脱贫攻坚"等战略规划的实施，我国中西部地区经济发展迎来了前所未有的契机与挑战，同时也对交通与建筑基础设施的建设提出了更高的要求。我国中西部地区地质灾害频发，其中滑坡是最为常见的一种地质灾害(表1-1)，仅川渝地区近10年来发生的滑坡灾害就高达上万处。据国家统计局资料显示，2011~2020年，我国共发生70647处滑坡灾害，约占全国地质灾害总数的70%(中国统计年鉴①)，并且滑坡往往伴随着人员伤亡和巨大的经济损失。据统计，我国平均每年发生滑坡和泥石流等地质灾害20000余起、伤亡1000余人、受灾人口90多万，直接经济损失20亿~60亿元(桑凯，2013)。

**表1-1 我国部分地区滑坡地质灾害统计**

| 日期 | 地点 | 滑坡类型 | 滑坡体大小 | 灾害 |
|------|------|----------|-----------|------|
| 1967 | 四川唐古栋 | 滑坡 | 约5000万 m³ | 形成滑坡坝，溃决造成两岸农舍、农田、桥梁、道路被毁 |
| 1982.7.18 | 重庆鸡扒子 | 滑坡 | 达1300万 m³ | 约100万 m³滑入长江造成急流险滩，仅排水和疏通航道花费8000余万元 |
| 1983.3.7 | 甘肃洒勒山 | 滑坡 | 约5000万 m³ | 摧毁了4个村庄和2个水库，造成227人死亡 |
| 1985.6.12 | 湖北新滩镇 | 滑坡 | 达3000万 m³ | 摧毁了整个新滩镇，堵江达1/3 |
| 1992 | 云南头寨沟 | 滑坡、泥石流 | 约400万 m³ | 摧毁沟口一个村庄，造成216人死亡 |
| 2003.7.13 | 湖北千将坪 | 滑坡 | 约2400万 m³ | 堵塞青干河，形成的滑坡坝达300m，造成24人死亡、19人受伤 |
| 2004.7.17 | 云南德宏州芦山村 | 滑坡、泥石流 | — | 造成12人死亡、41人失踪 |
| 2007.7.19 | 云南腾冲市 | 滑坡 | — | 造成29人死亡、5人受伤 |
| 2008.11.2 | 云南楚雄彝族自治州 | 滑坡、泥石流 | — | 造成36人死亡、31人失踪以及20人受伤，直接经济损失达9.72亿元 |
| 2009.4.26 | 云南小坝村羊梯岩 | 滑坡 | — | 造成20人死亡、2人受伤，直接经济损失1000万元 |

---

① http://www.stats.gov.cn/tjsj/ndsj/

| 日期 | 地点 | 滑坡类型 | 滑坡体大小 | 灾害 |
|------|------|----------|------------|------|
| 2011.9.17 | 陕西西安白鹿原北坡 | 滑坡 | — | 造成 32 人死亡，直接经济损失 5200 万元 |
| 2012.8.29 | 四川锦屏水电站 | 滑坡、崩塌、泥石流灾害 | — | 引发 100 余处滑坡、崩塌、泥石流灾害，共造成 24 人死亡或失踪，2 人受伤 |

结合既有滑坡的现场事故原因调查及滑坡治理资料分析(郑立宁，2012；黄润秋，2007)，软弱夹层的存在是边坡失稳事故的重要诱因，国内外大多滑坡事故的发生均直接或间接与软弱夹层有关。泥化夹层是一种典型的软弱夹层，其力学强度低、易发生软化，直接控制着边坡岩体的稳定性(陆兆溱，1989)。泥化夹层具有厚度较薄、区域差异性显著的特点，导致现有的泥化夹层分类评价体系和力学性能研究成果难以直接服务于工程实际。因此，如何有效确定泥化夹层的力学性能成为困扰科研技术人员的难题。

岩土体的宏观变形破坏均可认为是由微细观结构变形的积累与扩展形成(洪宝宁，2010)，研究岩土体细观结构的特征及其变形演化规律，可对岩土工程的众多问题给予科学合理的解释，并提出相应的解决方案。因此，从微细观出发，揭示泥化夹层宏细观渐进损伤动态演化规律和机理，可以准确地评价边坡稳定性，有助于采取更优化、有效的边坡加固方法，对保障人民的生命和财产安全具有重要意义。

鉴于此，本书从泥化夹层微细观组构形态出发，构建了以"结构量化→相似聚类→图像融合→代表性体积单元→结构简化→细观力学模型"为流程的泥化夹层细观结构力学研究体系。首先，基于数字图像处理技术，实现了泥化夹层微细观组构识别与量化表征；其次，利用图像相似聚类和融合重构技术，构建了泥化夹层的细观组构代表性单元模型；然后，通过构建泥化夹层细观力学模型，阐释了泥化夹层宏观渐进破坏过程的微细观力学机理；最后，剖析了泥化夹层宏细观损伤参数的内在联系，探究了干湿循环和三向受力下泥化夹层渐进损伤机理。

## 1.2 国内外研究现状

### 1.2.1 岩土体微观结构参数的研究现状

从本质上讲，岩土体是不同结构单元体间综合作用形成的共同体，其力学特性主要受单元体微结构变化的影响。早在 20 世纪末，我国的著名岩土领域专家沈珠江院士即将土的结构性研究视为未来土力学的研究核心(沈珠江，1996)。岩土体微结构的研究历程主要表现为：20 世纪前、中期，主要集中在岩土体的结构模型定性方面；随着研究手段的进步，20 世纪末到 21 世纪初，岩土体微结构的研究逐渐由定性向定量方向过渡，并取得了较为丰富的研究成果（方庆军和洪宝宁，2014）。

现阶段，岩土体微观结构参数的定量研究主要集中在结构参数类型与量化方法两个方面。

## 1. 岩土体微观结构参数

学者们一般认为土的结构是指土粒本身的形状大小、土粒在空间中的排列形式、孔隙分布状况、粒间接触方式及粒间联结特征等诸多参数的总和（胡瑞林，1995）。施斌（1996a、b）主要从两个方面定义了相关参数：形态学特征参数及几何学特征参数。

### 1）形态学特征参数

岩土体形态学特征参数主要为描述岩土体组构单元的自身形态参数，主要包括丰度、圆度、分形维数、大小等。

颗粒单元体丰度反映研究对象在二维平面内的颗粒饱满特征，可分为颗粒单元丰度与孔隙单元丰度。牛岑岑等（2011）利用结构单元体丰度和孔隙丰度对吹填土特性进行了研究；王静（2012）利用扫描电子显微镜（scanning electron microscope，SEM）技术统计分析出了土体单元丰度随冻融循环次数的变化规律；王清等（2013）对天津滨海新区吹填土的孔隙与结构单元丰度进行了研究；何伟朝（2013）对冻融循环作用下土体单元平均丰度与抗剪强度之间的关系进行了研究；卓丽春（2014）利用 Image Pro Plus（IPP）图像处理软件得到了网纹红土的丰度等微观结构参数。

圆度表示颗粒（孔隙）的圆形程度，表达式为 $R = (4\pi A)/l^2$，$l$ 为周长，$A$ 为面积，当 $R$ 为 1 时表示该颗粒或孔隙的区域为一个标准圆形。方祥位等（2013）采用扫描电子显微镜量化了 Q2 和 Q3 黄土的圆度，研究结果表明古土壤层颗粒圆度明显优于上部黄土层；张斌等（2020）人工选择了不同圆度的珊瑚质土，探究了颗粒形状对钙质粗粒土压缩性能的影响。

分形维数用以量化结构单元体的不规则分布程度，分形维数越大，说明该颗粒或孔隙的轮廓线条越复杂。Moore 和 Donaldson（1995）通过分形理论对土体的分形维数进行了量化；随后，我国学者李向全等（2000）应用分形几何理论对土的微结构进行了量化。

大小是岩土体最为直观的结构参数，包含直径、面积、周长等诸多参数，是影响岩土体结构排列方式的重要参数之一。吴义祥（1991）研制了一套黏土体微结构特征定量研究系统，并对宁波黏土的颗粒大小参数进行了量化；施斌等（1996a、b）对黏性土颗粒结构大小特性进行了定量评价，获得了黏土体孔隙性、形状等诸多定量指标。

2)几何学特征参数

岩土体几何学特征参数即颗粒排列的定向性，岩土体颗粒的定向性是岩土体材料力学性能呈现各向异性的直接原因。王宝军(2009)基于标准差椭圆法绘制了土颗粒定向玫瑰图，并分析了土体颗粒的主定向角；王清等(2001)研究了岩土体的定向角与力学行为的关联机制，并对其在工程中的应用进行了阐述。Martin 和Ladd(1975)提出以定向频率描述颗粒单元体在某一方向的分布频数；随后，McConnachie(1974)利用定向频率分别对高岭土和压实实验土的定向性进行了研究；Bai 和 Smart(1997)对黏土排列的定向性进行了定量分析；李文平等(2006)利用 SEM 技术对不同固结压力下黏土的孔隙定向频率进行了分析。

## 2. 微细观结构量化方法

目前常见的岩土体微细观结构量化方法有：筛分法(袁伦，2010；Mora et al.，1998)、沉降法(韩立发和刘亚云，2004；库建刚等，2015；Konert and Vandenberghe，1997)、激光粒度分析法(游波等，2012；田岳明等，2006；程鹏等，2001)、压汞法(周晖，2013；田华等，2012；Thom et al.，2007；Gasc-Barcbier and Tessier，2007；陈悦和李东旭，2006；Simms and Yanful，2004；吕海波等，2003)、气体吸附法(杨峰等，2013；茛珊珊等，2011；巨文军等，2009；胡容泽，1982)及数字图像处理法(王一兆，2014；施斌，1996a、b)。随着光电测量技术和计算机图像处理技术的发展，数字图像处理方法因其自动化程度高、处理高效等优点已成为目前岩土体微细观结构参数量化的主要方法。

数字图像处理(digital image processing)技术是一种通过数字化的图像采集设备得到土体微细观图像后，对图像所包含的结构信息进行综合分析处理，从而准确、快速获取土体细观结构参数的方法。Gillott(1969)利用 SEM 结合图像处理技术对黏土细观结构进行了研究；Tovey(1973)结合电子显微镜及图像处理技术对土体微观结构进行了量化分析；Howarth 和 Rowlands(1987)建立了量化岩石颗粒微观结构参数的方法；Ogilvie 和 Glover(2001)对砂岩的微结构信息进行计算，得到了砂岩的孔隙率和渗透率；Tovey 和 Dadey(2002)将 SEM 技术与强度梯度法相结合，对海洋沉积物颗粒的定向度进行了分析；Aly 等(2011)对比了多种图像分割技术，指出阈值分割法能够在消除噪声的同时寻找出潜在的边缘像素；Borsic等(2005)和 Comina 等(2008)采用电阻抗断层成像技术(electrical impedance tomography，EIT)和图像处理技术对土体的微结构形态进行了研究。

我国学者施斌等(1995)在图像采集与处理相结合的图像分析系统上，定量化研究了国内不同区域黏土体的微结构形态，获得了诸多黏土微结构的参数信息，为后续相关土体结构的量化评价提供了一定的指导；张小平和施斌(2007)利用扫描电镜对石灰膨胀土团聚体微结构形态进行了分析和研究；曹亮等(2012)对苏州软土微观尺度结构特征进行了对比研究，得到了原状土的微观结构类型、颗粒排列定向特征、颗粒偏心度、定向概率熵等量化指标；刘珊(2014)利用 SEM 技术对重塑黏土未固结时进行了分析，确定了其孔隙率、形状系数、扁平度、概率熵、分形维数等。

　　综上所述，当今的岩土体微观结构研究已由早期的定性描述进入定量研究阶段，在土体微观结构参数方面提出了圆度、丰度、分形维数、定向度等的形态学、几何学特征参数。在量化方法方面，数字图像处理方法已成为目前岩土体微观组构参数量化的主要方法，但其受限于原始图像质量与后续处理精度，仍存在图像重构模式不完善及边缘提取不完整、不连续等问题。因此，开发更为精准、快速的特征提取算法，并建立一套完整、准确、合理的岩土体微结构量化及分析系统是今后岩土体微结构研究的必然趋势。

## 1.2.2　岩土体细观力学研究现状

### 1. 颗粒流数值仿真在岩土体中的应用

　　离散元法(distinct element method)　是在 Cundall 和 Strack(1979)粒状材料的接触模型基础上发展起来的一种用于研究散粒状材料宏细观力学行为的数值仿真方法，而颗粒流程序(particle flow code，PFC)是由美国 Itasca 公司开发的一款从属离散元范畴的分析计算软件。

　　颗粒流程序建立在以下基本假设条件之上：颗粒自身为刚性体；颗粒之间的接触方式为点接触；允许颗粒在接触点处发生一定的重叠，重叠量的大小与力-位移接触定律中接触力的大小有关；约束存在于颗粒之间的接触处，可以表示颗粒之间的连接强度；颗粒为圆盘形或者球形，通过颗粒的组合可以形成任意形状。

　　国外学者基于离散元法对岩土体材料的细观破损机理开展了丰富的研究工作。Chang 等(1989)、Iwashita 和 Oda(1998)运用离散元的方法模拟了砂土剪切带的形成；Anandarajah(1994，2000a，2000b)等运用了离散元法得到了黏性土的力学特性和颗粒定向性的各向异性特点；Bock 等(2006)利用颗粒流程序建立了一个由絮状结构土颗粒、颗粒周围结合水、孔隙中自由水等构成的新模型，并取得了较好的效果。

　　近年来，国内学者在吸收国外先进技术的基础之上，结合自身的创造性，在工程岩土体细观数值模拟方面取得了较为丰硕的成果。周健等(2009a,2004,2002)引入不同的颗粒接触连接模型，分别对砂土和黏性土的室内平面应变试验及其剪切带的形成和发展进行了离散元数值模拟，并与室内试验的结果对比，得到了较高的吻合度；廖雄华等(2002)针对黏性土进行了室内平面应变试验的模拟，也验证了颗粒流方法能较好地模拟室内试验结果；李伟(2008)利用 PFC 中的块单元模拟了黏性土的片状和块状微观结构，得到了黏性土基本力学行为的微观机理；高彦斌等(2009)建立了反映黏性土微观特征的数值模型，并重点针对黏性土的各向异性特征进行了数值模拟；周健等(2009b)采用离散元法成功模拟了边坡变形破坏的力学行为，研究结果表明随着颗粒黏性的增大，边坡逐渐由塑性破坏向脆性破坏过渡；陈建峰等(2010)利用颗粒流程序对黏性土宏细观参数之间的相关性进行了系列研究。

总的来说，利用颗粒流程序模拟岩土工程材料的力学特性和本构行为，既需要从材料细观角度出发建立其结构模型，也要结合参数标定来获取尽可能真实的细观力学参数，进而再对模型进行相关力学试验并求解。

## 2. 有限元计算细观力学在岩土体中的应用

有限元法(finite element method，FEM)最早被用来分析平面应力问题，至今已成为最为流行的数值分析方法之一。由于 FEM 在处理材料非均匀性、非线性和复杂加载、边界条件等方面的可行性，被大量学者用来研究岩石力学相关问题。

杨卫(1992)将细观力学定义为用连续介质力学方法来分析具有细观结构的材料力学问题；吕毅等(2009, 2008)基于有限元计算细观力学理论，以 MSC.PATRAN 为平台，利用 PATRAN 命令语言(PATRAN command language，PCL)实现了代表性体积单元(representative volume element，RVE)的参数化自动建模，预测了复合材料宏观性能；肖洪天等(1999)应用裂纹奇异单元，建立了用于裂纹流变扩展计算的细观力学模型；吴东旭等(2014)采用多面体颗粒近似模拟砂卵石土，并与传统球形颗粒模型进行对比分析，验证了多面体颗粒模型的优越性；徐辉等(2006)利用细观力学分析中的自洽理论，建立固结不排水条件下的黏土弹塑性本构模型；何满潮等(2001)建立了工程岩体连续性的概化方法，即结合野外工程地质调查、室内力学实验和数值模拟方法，在确定工程岩体连续性尺寸的基础上，给出某一特定工程岩体的力学参数。该方法不仅适用于微观力学和细观力学介质的连续性判别，也适合于宏观工程岩体的连续性问题；王安明等(2009)针对由不同岩层交替而组成的层状盐岩体，从细观力学分析角度考虑了泥岩夹层的弹性、盐岩的弹性和蠕变力学特性以及两相体积含量，以此建立了层状盐岩体宏观各向异性非线性蠕变增量型本构模型；王亚奇等(2015)运用图像处理技术获取了大孔隙沥青混合料的细观图像，结合有限元建模，研究了混合料在劈裂条件下其内部的应力分布问题；关虓等(2016, 2015a, 2015b)研究了混凝土在单轴受压状态下的损伤演化规律，并利用有限元软件 ABAQUS 模拟了混凝土细观统计损伤本构模型；王菁等(2015)、Schutter 和 Taerwe(1993)、Walraven 和 Reinhardt(1991)运用 Matlab 建立了混凝土的多边形随机骨料模型，研究了混凝土的细观力学性能。

综上所述，国内外学者分别利用有限元和离散元法构建了岩土体细观结构力学模型，探究了各类型岩石和土体宏观破损的细观力学机理，但鲜见针对泥化夹层的相关研究报道。泥化夹层力学行为本质上是微细观结构单元在荷载作用下应力-应变关系的集中体现，构建细观力学模型并结合数值仿真，是揭示泥化夹层细观结构损伤对宏观力学性能影响的有效手段。建立泥化夹层细观力学模型的前提条件是获取细观结构特征的代表性单元，代表性单元必须满足两个条件：①宏观尺度上尺寸要足够小，其应力场可视为均匀应力场；②细观尺度上尺寸又要足够大，可以包括所有组构特征的异质性。因此，如何构建符合真实情况的细观结构力学模型，是揭示泥化夹层宏细观破损机理需要解决的关键问题之一。

### 1.2.3 岩土体宏细观损伤的研究现状

自然界中泥化夹层极易发生干湿循环，如边坡开挖、边坡自然滑移等情况下部分泥化夹层将暴露在环境中经历干湿循环，在水库、大坝区域的边坡泥化夹层在水位升降的影响下也易发生干湿循环。干湿循环易导致泥化夹层细观结构发生破坏，使泥化夹层的强度急剧降低，从而诱发边坡发生失稳破坏。

#### 1. 岩土体宏观损伤识别量化

国内外针对干湿循环下泥化夹层损伤规律的研究较为鲜见，但针对其他土体，如膨胀土、非饱和土、黄土等的干湿循环试验研究成果较多。现有研究表明，土体经多次干湿循环作用后，总体表现出强度降低和变形增大的特点，对建筑物地基、道路边坡和路堤工程的长期稳定性造成了潜在威胁。

干湿循环下部分岩土体发生吸水膨胀和脱水干缩，其内部宏观裂纹逐渐发育，使得岩土体强度发生弱化。Drum 等(1997)对开裂土体的渗透系数进行分区研究，认为干湿循环对土体的劣化具有非均匀性；Rayhani 等(2007，2008)研究了干湿循环作用对黏土开裂的影响，探讨了不同裂缝与渗透系数的关系；何俊等(2012)开展了黏土室内干湿循环实验，研究结果表明宽裂缝在增湿中无法完全愈合是导致渗透系数增大的主要原因；孙德安和黄丁俊(2015)认为随着干湿循环次数的增加，膨胀土裂缝面积逐步增大，但其增幅逐渐减小；贵州大学的王亮(2015)研究了干湿循环作用下红土的强度衰减特性及裂缝扩展规律，获得了干湿循环作用下红土抗剪强度、干密度和含水率的变化规律；褚卫军(2015)也得到了贵州红土在干湿循环效应下的裂缝扩展规律，并对开裂原因进行了解释；赵立业等(2016)的研究证明了黏土的开裂与土体液限有关，同时试样尺寸对试验精度有较大影响。

为定量化研究裂隙损伤与宏观强度的关系，裂隙图像参数的提取已从最初的手工测量向计算机图像处理方向发展。范留明和李宁(2004)结合图像边缘检测法和 Hough 变换，实现了典型裂隙的定位和定向；尹小涛等(2006)通过疑似裂纹区检出操作和裂隙骨架化操作得到裂隙总长度，并利用面积换算出裂隙平均宽度；刘春等(2008)结合图像处理技术，提出了裂缝识别和提取的方法，开发出一套裂缝图像处理系统(crack image analysis system，CIAS)；刘玉臣等(2006)通过对灰度图像进行模糊增强和阈值分割，实现了裂纹的有效提取和分割，但此方法无法提取对比度相对较低的裂纹图像；冯永安和刘万军(2007)提出一种改进的 Sobel 算子——8 模板的算子，能较好地检测纵向和横向的裂纹，但有时会产生伪边缘；刘敏翔和王卫星(2008)对岩石裂隙图像进行噪声滤除、图像分割、空腔填充、短枝去除等图像处理操作，提出了基于结构元素的逐层细化算法；唐朝生等（2013）以裂隙率、裂隙节点数、裂隙平均宽度和长度等作为裂缝几何形态特征的指标对干缩裂缝进行定量研究，表明裂缝参数之间存在较好的关联性；黎伟等(2014)通过标记连通区域的方法有效去除了裂隙二值图像中全局分布的细小杂点，提高了裂隙长度统计的精度。然而，泥化夹层裂隙形态的多样性、原始数字照片的多变性以及识别算法的复杂性等原因，导致现有方法不完全适用于泥化夹层。因此，如何实现泥化夹层裂隙的智能识别和分析还需进一步研究。

### 2. 岩土体微细观损伤识别量化

目前，岩土体微细观结构的识别方法主要用光学显微镜、SEM 电镜扫描、X 射线衍射光谱以及 CT 扫描试验等手段，其中 SEM 电镜扫描和 CT 扫描是近些年来研究岩土体材料微细观结构的主要手段。20 世纪 80 年代以来，电子计算机的发展使得基于扫描电镜的结构参数量化技术得以快速发展(李晓军，1999)。

在岩石细观损伤方面，我国学者针对岩石细观损伤特征开展了大量的研究工作，并取得了较为丰硕的研究成果。吴立新等(1998)通过扫描电镜发现了煤岩具有弱带优先扩展、回避强带扩展及沿晶扩展的损伤演化规律；王凤娥和朱昌星(2009)基于 Matlab 图像处理和扫描电镜成像技术，总结得出了岩石细观损伤破坏的分形变化规律；倪骁慧等(2009)利用数字图像处理技术对单轴压缩后大理岩细观图像进行处理和分析，得到了其微裂纹的方位角、长度、间距等参数的变化规律；张连英（2012）基于泥岩试样断口的电镜扫描和 X 射线衍射分析实验，得到了高温作用下泥岩试样组分结构的变化特征、影响泥岩力学性能的组分因素以及试样断口处裂纹的形态和发育变化特征；李晓娟等(2015)实现了大理岩单轴压缩实验的全程跟踪电镜扫描，并运用损伤力学、热力学、能量耗散原理建立了统计损伤模型，得到了损伤变量的发展过程。

在土体细观损伤方面，学者重点关注土体孔隙结构的演变过程。谢仁军和吴庆令(2009)研究膨胀土在不同含水量下微观结构的变化，并用 Matlab 软件处理膨胀土干燥状态下的环境扫描电子显微镜(environmental scanning electron microscope，ESEM)照片，得出孔隙所占面积以及孔隙大小等，为膨胀土的微观结构与工程性质关系的研究提供了一定的指导；Dudoignon 等(2001)对高岭土剪切过程的颗粒排列进行了研究，利用光学显微镜和 SEM 得到了颗粒的定向性；阎瑞敏等(2013)研究了在不同饱和时间条件下滑带土微观结构的变化特征，研究结果表明滑带土微观结构由饱水前的曲片状叠聚体结构逐渐向平片状叠聚体、絮凝体、凝聚体结构发生转变；Desbois 等(2014)利用 SEM 电镜扫描研究了黏土地层在纳米尺度的干燥损伤；王绍全等(2015)使用 SEM 电镜扫描研究了石灰改良土在冻融作用下微细观结构的演化过程，探讨了冻融循环次数对改良土微细观结构的影响。

扫描电子成像技术虽然能准确地表征材料微细观结构特征，但无法对材料内部结构变化进行观察，同时测试结果易受到环境和制样过程的影响。因此，研究人员将目光转向具有无损检测的 CT 扫描上，高精度 CT 扫描成像技术的发展使得在加载过程中对材料进行无损检测成为可能，同时也可以观察到材料内部缺陷的发展过程。

20 世纪以来，学者们将 CT 扫描技术应用于岩土体材料的微细观结构识别量化，研究了不同环境下岩土体材料内部损伤的发展过程和规律。姚志华和陈正汉(2009)、吴紫汪等(1997)、马巍等(1997)利用 CT 技术研究了冻土、膨胀土等岩土材料的损伤发展过程和演化规律；李晓军等(2006)、毛灵涛等(2010)对 CT 图像进行相应的处理，建立了能真实反映岩土材料内部细观结构的有限元数值模型；蒋运忠等(2011)利用 Matlab 软件对膨胀土 CT 图像进行处理，得到其三维重构模型，研究结果表明三轴压缩条件下膨胀土的闭合程度与应力状态有关；朱宝龙等(2015)采用适用于 CT 扫描的多功能三轴剪切仪，研究了重塑黏性土在不同吸力和围压下的细观结构演化规律，试验结果表明土体的围压对其细观结构的演化影响最为显著。

综上所述，国内外学者在研究各种环境下岩土体的损伤规律时，大多是结合扫描电子显微镜、CT 扫描、数字图像处理等多种技术。宏观层面，土体裂隙形态参数自动提取多针对重塑土样，原状样裂隙图像色彩对比度较弱、杂质较多、表面不平整，导致其裂纹识别比岩体或重塑样中的裂隙更难实现；微细观层面，现有的细观损伤特征研究还不够深入，宏细观损伤之间的关联性研究也较为缺乏。

### 1.2.4　岩土体损伤力学研究现状

#### 1. 岩石损伤力学

国外针对损伤模型的研究起步较早，Dougill(1976)最早将损伤力学的理论应用在岩石材料的研究中，之后研究人员建立了各种损伤力学模型，使得模型可以更加合理、方便地运用到工程实际中。Costin(1983)针对脆性材料的微裂纹建立了损伤模型；Krajcinovic 和 Sumarac(1989)指出唯象学模型在解决材料细观损伤问题上有所欠缺；Hult(1985)依据材料孔洞的形态、尺寸和密度定义了细观损伤变量，建立了损伤率与应变率之间的关系；Lemaitre 和 Chaboche(1985)基于等效应变的概念提出一种应力应变关系，用等效应力替换了常规本构方程中的应力。

国内学者在吸收国外研究成果的基础上勇于创新，在岩石损伤模型方面也取得了一系列的研究成果。谢和平(1990)最早研究了岩石和混凝土的损伤力学特性；凌建明和孙钧(1993)将细观几何参数与宏观参数建立联系，建立了脆性岩石的细观损伤模型；余寿文(1997)建立了针对脆性材料细观损伤的微裂纹扩展方位区理论，描述了材料在三轴拉伸和压缩情况下的细观损伤本构方程；刘保国和崔少东(2010)重点研究了不同载荷下泥岩的蠕变特征，得到了蠕变过程中泥岩主要力学参数 $E$、$c$、$\phi$ 在时间、应力的耦合作用下的损伤演化规律；贾善坡等(2011)基于泥岩非线性蠕变变形的特点，在摩尔-库仑准则的基础上构造了泥岩的蠕变势，建立了泥岩的非线性蠕变损伤本构关系和损伤演化方程，并引入愈合应力和愈合因子的概念建立了泥岩的渗透性自愈合模型。陆银龙和王连国(2015)认为传统的岩石蠕变模型忽略了岩石细观结构的时效损伤演化机制，于是对岩石的蠕变损伤与破裂过程进行了研究，揭示了岩石由细观时效损伤发展至宏观破裂的全过程。

## 2. 土体损伤力学

在土体宏细观损伤方面，学者们也开展了大量的研究工作。孙星亮(2004)在考虑静水压力影响的条件下引入塑形势函数，得到了冻土的各向异性损伤本构模型，提出了冻土的损伤累积势函数并导出了其损伤演化方程；陈新等(2007)将岩土材料看作是含有孔洞的球体单元的集合，采用孔洞体积百分比来表示单元的损伤程度大小，给出了岩土材料的细观损伤力学模型；徐辉(2007)认为土体骨架变形等于颗粒接触面变形的总和，提出了基于颗粒细观滑动机制的损伤模型，并通过实验数据对模型进行了验证；姚志华等(2009，2010)利用 CT 扫描技术跟踪干湿循环下重塑膨胀土的裂隙生成以及闭合情况，得到了土体干湿循环过程的损伤演化方程，探究了细观损伤对屈服应力的影响规律；孙世军(2011)研究了不同损伤程度膨胀土的变形、强度特性和土样宏细观结构演化规律；彭贞(2012)通过三轴排水试验对膨胀土裂隙的结构特征进行分析，研究了不同损伤条件下膨胀土的结构演化过程和力学特性；赵吉坤等(2013)通过离散元法对岩土的细观破坏过程及参数进行研究，从细观的角度揭示了不同细观参数对岩土材料宏观强度的影响及在不同加载条件下岩土材料破坏机制。

综上所述，岩土材料损伤力学发展至今已取得了众多的研究成果，在工程中也得到了大量的应用。随着技术的进步，损伤变量的提取手段由传统的光学显微镜、SEM(扫描电镜)、数码相机等逐渐发展到 CT 扫描等无损性检测技术。目前，损伤力学模型主要集中于岩石、土体、混凝土、金属等方面，但泥化夹层作为一种特殊的岩体材料，现有的力学模型并不完全适用。因此，有必要构建泥化夹层的损伤本构模型，从而揭示其损伤机理，为边坡工程的稳定性评价提供理论支撑。

# 1.3　存在的问题及解决办法

从国内外的研究现状可见，现有岩土体材料微细观组构特征及损伤机理的研究集中于硬质岩石和部分特殊土体，鲜见泥化夹层的相关研究资料。泥化夹层是一种具有复杂组构的特殊岩土体，要揭示其渐进损伤机理仍需对以下 4 个方面的问题开展深入的研究工作。

## 1. 泥化夹层微细观组构特征量化表征

从微细观层面来说，不同矿物按照一定的排列方式组合为单元体构成了泥化夹层，其力学特性主要受结构单元体的矿物组成及微细观结构特征影响。因地质条件和赋存环境不同，各区域泥化夹层宏观力学特性具有一定的差异性，掌握泥化夹层微细观组构特征有助于从微细观层面上对泥化夹层的宏细观力学行为进行研究。针对泥化夹层，目前的图像处理特征提取方法仍存在精度不足的问题，如何实现泥化夹层微细观组构特征识别量化还需进一步研究。

## 2. 泥化夹层代表性单元体的建立

泥化夹层细观力学模型建立的前提条件是获取能够代表整体的代表性单元体。现有研究通常先获取岩土体多张扫描电镜图像，再通过数学统计的方法来量化视场区域内的微细观结构特征参数，并以此构建细观力学模型。但扫描电镜观测范围有限，难以避免观测尺度带来的结构差异性，难以保证所建立几何模型具有代表性。此外，泥化夹层微细观组构复杂性也会对数值计算带来巨大计算量，如何简化其细观结构也是需要解决的问题。

## 3. 泥化夹层宏细观参数之间的力学响应

目前，泥化夹层力学行为的研究主要集中在基于室内力学实验的宏观力学分析，工程中泥化夹层多是厚度为 2～5cm 的薄层，室内试验难以准确地获取其宏观力学参数，不利于实际工程应用。泥化夹层的宏观强度和变形特性归根结底应该是细观结构特点和细观力学机制决定的，深入研究泥化夹层宏细观参数的力学响应对进一步认识泥化夹层物理力学特性具有重要意义。

## 4. 泥化夹层宏细观损伤的关联机制

国内外学者针对各类型岩土体宏细观损伤规律及机理开展了一系列研究工作，但鲜见针对泥化夹层这一特殊岩土体的相关研究。同时，现有的岩土体宏细观损伤特征研究多局限于定性描述，缺乏对损伤特征进行量化分析，宏细观损伤之间的关联性研究更为少见。因此，明晰泥化夹层细观损伤向宏观逐步发育的过程，并厘清宏细观损伤参数之间的内在关联，是揭示泥化夹层损伤机理的重要内容。

　　综上所述，泥化夹层损伤机理的研究，主要存在微细观组构特征量化不准确、代表性单元体构建方法欠妥、宏细观参数之间的力学响应不明、宏细观损伤的关联不清 4 个亟须解决的问题。对此，本书立足于泥化夹层本身，提出了如下研究思路：首先，基于泥化夹层微细观形貌特征，优化特征提取算法，实现泥化夹层微细观组构特征的量化表征；其次，基于泥化夹层微细观组构特征，利用图像相似聚类和融合重构技术，构建泥化夹层的细观组构代表性单元模型；然后，构建泥化夹层细观力学模型，探究泥化夹层宏细观结构和力学参数之间的关联机制；最后，结合数值图像技术、X 射线扫描成像技术等分析测试手段，明晰泥化夹层的宏细观组构特征演变规律，建立泥化夹层的损伤演化方程和损伤本构方程，进而揭示泥化夹层渐进损伤破坏演化机制。

## 1.4　本书主要研究内容及技术路线

### 1.4.1　主要研究内容

　　为解决泥化夹层损伤规律及其微细观机理研究中所存在的关键问题，本书的主要研究内容包括四个方面，具体如下。

#### 1. 泥化夹层微细观组构特征的量化方法

　　针对泥化夹层细观组构特征难提取、难量化的问题，提出了一种基于 SEM 和图像处理技术的泥化夹层细观组构量化方法，实现泥化夹层细观组构特征参数的准确获取。

#### 2. 泥化夹层细观力学有限元模型构建方法

　　受视场范围限制，扫描电子显微镜所获取的泥化夹层细观图像尺度有限，单一图像并不能代表泥化夹层整体的细观结构特征。因此，本书基于图像相似聚类和融合重构技术，对多组泥化夹层细观图像进行评判，以此建立具有区域代表性的泥化夹层细观组构单元。同时，为简化计算工作量，定义了泥化夹层细观组构简化原则，提出了结构简化的泥化夹层有限元细观力学模型构建方法。

#### 3. 泥化夹层细观力学离散元模型构建方法

　　离散元法是散体材料较为常用的一种细观力学研究方法，所构建的模型能否反映真实样品的关键之一在于细观力学参数的选取。因此，本书结合室内单轴压缩试验、三维数字散斑变形测量和数值仿真等技术，获取了真实情况下泥化夹层动态渐进破坏过程，建立了泥化夹层细观力学参数标定方法，提出了基于离散元的泥化夹层细观力学模型构建方法。

4. 泥化夹层宏细观损伤参数与宏观力学行为的关联

结合数字图像处理、扫描电镜、CT 成像等手段，建立泥化夹层内部及表层宏细观损伤量化表征方法，揭示不同环境状态下泥化夹层的渐进损伤过程。通过力学性能测试，获取不同损伤阶段的泥化夹层力学行为。运用损伤力学理论，阐释泥化夹层宏观力学行为的微细观机制。

### 1.4.2　技术路线

本书以室内试验、数值仿真及理论分析为核心，分为三个研究板块，具体技术路线如图 1-1 所示。

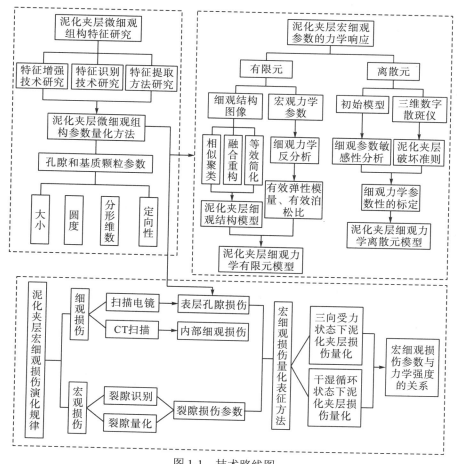

图 1-1　技术路线图

### 1. 泥化夹层微细观组构特征研究

泥化夹层作为一种特殊的岩土体材料,其微观结构特征决定了宏观力学性能。为准确获取泥化夹层整体的微细观组构特征,首先将泥化夹层原状试样进行切片处理,获取泥化夹层各个部位的微观形貌图像;然后,通过直方图均衡化、非线性中值滤波等方法,增强图像特征的同时减小噪声,实现图像成像质量的控制与优化;最后,通过图像边缘检测、开闭运算、分水岭分割等一系列形态学处理手段,实现泥化夹层颗粒和孔隙级配、圆度、定向性、分形维数等细观组构参数的准确提取量化。

### 2. 泥化夹层宏细观参数的力学响应

采用有限元与离散元两种常用的数值仿真手段,构建泥化夹层细观力学模型,探究泥化夹层细观结构特征对宏观力学行为的影响机制。采用有限元方法时,首先对泥化夹层细观图像进行聚类融合,获取具有代表性的细观结构图像。其次,对泥化夹层细观图像进行等效简化,建立细观结构简化模型。然后,运用复合材料细观力学理论,反算泥化夹层细观力学参数,并建立泥化夹层细观力学有限元模型;采用离散元时,首先通过构建泥化夹层初始模型,对细观力学参数进行敏感性分析。其次,利用三维数字散斑仪获取真实情况下泥化夹层的动态破坏过程,以此对细观力学参数进行标定。最后,根据上述步骤所得试验数据,构建泥化夹层细观力学离散元模型,研究细观结构和力学参数对宏观力学行为的影响。

### 3. 泥化夹层宏细观损伤演化规律

泥化夹层的宏观损伤是由微细观损伤不断积累所造成的,为揭示泥化夹层的损伤规律,必须要阐明宏细观损伤与宏观力学行为之间的内在关联。首先,通过扫描电镜、高清相机、CT扫描等仪器设备,获取泥化夹层表层及内部的宏细观损伤图像;然后,利用图像处理技术,量化泥化夹层在各个损伤阶段的损伤特征参数,得到泥化夹层的损伤变化过程;最后,通过建立损伤特征参数与宏观力学强度的关系,揭示不同环境状态下泥化夹层的损伤机理。

# 第二章　泥化夹层微细观组构
# 量化表征方法

泥化夹层作为一种具有特殊性质的岩土体材料，从本质上来说其宏观力学特性取决于微细观尺度上的组构特征，要从微细观尺度上阐释泥化夹层的宏观力学行为，首先必须获得泥化夹层的微细观组构特征。本章基于数字图像处理技术，构建了泥化夹层微细观组构特征的量化表征方法，对泥化夹层的细观组构几何形态进行了识别和定量描述，为后续泥化夹层的结构模型分析与力学性能研究提供了必要技术支撑。

## 2.1　泥化夹层微细观图像采集

泥化夹层自身较薄，形态特殊，通过扫描电镜只能获取泥化夹层表面微细观形貌，无法真实反映泥化夹层整体细观组构特征。因此，将取回的泥化夹层原状样加工成切片进行细观结构量化试验，以期获取泥化夹层各个部位的微细观形貌图像。1#、2#、3#为顺层面方向，4#为垂直层面方向，平行于4#切片制作5#、6#切片。具体切片制作流程如图2-1所示。

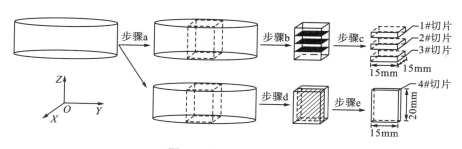

图 2-1　切片制作流程图

制作好的切片分别进行编号并贴在样品座上，切片位置选择既包含纵断面也包含与层面平行的水平面。在进行扫描电镜图像采集前，还需对试样进行清洗、干燥和镀金处理，加工好后的泥化夹层切片如图2-2所示。

图 2-2    加工后的泥化夹层样品

图像采集过程中，图像放大倍数决定着一张图能够显示的内部孔隙和颗粒集的数量。在进行泥化夹层细观结构信息提取时，如果放大倍数选择过小，可能导致细观结构信息遗漏；如果放大倍数过大，则实际观测的面积越小，统计平均结果误差越大，不能贴切地表征泥化夹层真实细观结构特点，考虑到泥化夹层本身结构特征，放大倍数可选取为 2500～7500 倍(图 2-3)。

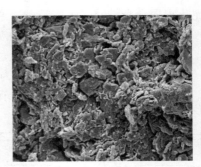

(a) 2500倍                                          (b) 7500倍

图 2-3    泥化夹层部分区域微细观形貌图

## 2.2    泥化夹层微细观组构特征的识别

由于图形中各颗粒边界的模糊性及成像质量的不稳定性，泥化夹层原始扫描图片难以准确实现微组构信息量化，借助图形处理手段对原始的扫描图片进行合理优化是后续组构信息分析的必要前提。目前，综合国内外土体微结构量化的研究现状，实现土体细观扫描图形的微结构量化亟须解决两大问题：①原始成像质量控制及后续成像质量优化；②颗粒与孔隙封闭式边界提取。为合理解决上述难题,本章采用图像区域增强技术实现图像成像质量的控制与优化,采用形态学处理方法对原始图像边界信息的提取进行优化。

### 2.2.1 图像区域增强算法

#### 1. 直方图均衡化

一幅图像的整个区域可看作由两个未知数 $(x,y)$ 所构成的函数集合,其中 $(x,y)$ 表示图像的坐标点位置,$f(x,y)$ 则定义为该点的灰度值。通常情况下,一幅图形之所以边界模糊,其本质在于灰度覆盖阈较窄,且灰度级分布概率不均。鉴于此,通过对其灰度直方图进行变形修正能一定程度上解决图形边界模糊的问题,增加边界对比度,是为后续清晰边界提取的必要基础。

直方图均衡化基本思想为:通过统计图形累积灰度级分布概率,然后将各灰度级进行非线性变换用以调整图像区域的灰度值分布,进而均衡化各区域的灰度值分布,从而达到增强图形整体对比度的视觉效果。原始图形直方图中,横轴数值代表各像素点的灰度数值,数值范围为 0~255,而纵轴数值则代表该灰度数值在整个图形中出现的概率。直方图均衡化主要的计算过程如下。

(1)统计图形的原始灰度级总数 $n_r$ 及分布频数 $p_r$,$r=0,1,2,\cdots,L-1$,其中 $L$ 为原始灰度级总数。

$$p_r = \frac{n_r}{n} \tag{2-1}$$

式中,$n_r$ 为 $r$ 灰度级出现的像素个数;$n$ 为图形的总像素个数。

(2)计算图形的累积直方图 $T_r$。

$$T_r = \sum_{r=0}^{L-1} p_r = \sum_{r=0}^{L-1} \frac{n_r}{n} \tag{2-2}$$

(3)非线性变换获取均衡化后的直方图灰度级 $g_i$,$i=0,1,2,\cdots,p-1$,$p$ 为直方图均衡化后的图形灰度级。其中

$$g_i = \text{INT}\left[(g_{\max}-g_{\min})T_r + g_{\min} + 0.5\right] \tag{2-3}$$

(4)计算非线性变换后图形中灰度级数值的像素总个数 $n_i$,$i=0,1,2,\cdots,p-1$。

(5)计算均衡化后输出图形直方图 $p_i$。

$$p_i = \frac{n_i}{n} \tag{2-4}$$

由图 2-4~图 2-7 可知,直方图均衡化通过累积灰度直方图将原始图形的灰度信息进行线性变换,能明显增强图形的边界信息,为原始图形边界信息的准确提取提供了帮助。

图 2-4　原始 SEM 图形

图 2-5　直方图均衡化后的图形

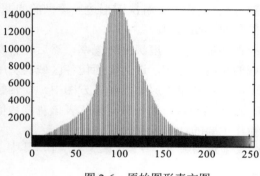

图 2-6　原始图形直方图

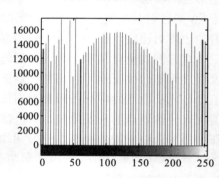

图 2-7　均衡化后的直方图

### 2. 基于二维 FIR 滤波器的线性均值滤波

均值滤波方法为一种局部空间阈处理的方法,其基本思想为:将图形中的异常灰度点数值用该点领域的灰度均值代替,从而优化原图灰度异常点,达到降噪目的。其中灰度均值 $g(x,y)$ 定义为

$$g(x,y) = \frac{1}{N} \sum_{(m,n) \in M} f(m,n) \tag{2-5}$$

式中,$N$ 为领域内总灰度值个数,根据模板的选取不同,其数值不同;$M$ 为 $(x,y)$ 点领域,但是不包括该点自身灰度值。

目前均值滤波常见的算法(3×3 模板)是将 $(x,y)$ 点灰度值 $a(x,y)$ 与其邻近 8 个点的灰度值相加后取平均,以淡化其数值的突变性,最后得到的平均值即为原始突变灰度值 $a(x,y)$ 均值滤波后的灰度替代值 $g(x,y)$:

$$g(x,y) = \frac{1}{9} \begin{vmatrix} a_{11} & a_{12} & a_{13} \\ a_{21} & a_{(x,y)} & a_{23} \\ a_{31} & a_{32} & a_{33} \end{vmatrix} \tag{2-6}$$

同理,5×5 模板的算法表达式为

$$g(x,y) = \frac{1}{25} \begin{vmatrix} a_{11} & a_{12} & a_{13} & a_{14} & a_{15} \\ a_{21} & a_{22} & a_{23} & a_{24} & a_{25} \\ a_{31} & a_{32} & a_{(x,y)} & a_{34} & a_{35} \\ a_{41} & a_{42} & a_{43} & a_{44} & a_{45} \\ a_{51} & a_{52} & a_{53} & a_{54} & a_{55} \end{vmatrix} \qquad (2\text{-}7)$$

图 2-8 为均值滤波效果图，从图中可知均值滤波是通过领域灰度平均值代替灰度异常值，能较为准确地过滤图形中孤立的灰度点，但是边界突变的灰度值同时也被其周围领域灰度的均值替代，致使边界的灰度突变特征淡化，极易造成原始图形的边界模糊。由此可见，均值滤波能降低原始图形的噪声，降噪效果直接受算法模板的影响，算法模板选择越小，其均值滤波效果越好。

(a) 原始噪声图像      (b) 3×3模板均值滤波图像

(c) 5×5模板均值滤波图像     (d) 7×7模板均值滤波图像

图 2-8 线性均值滤波效果图

## 3. 基于二维中值滤波器的非线性中值滤波

中值滤波器由 Turky 于 1971 年首次提出，其工作的基本原理为：将数字图形中某些较为突变、异常点的灰度值用该点一个领域(根据模板的选取不同，领域数值不同)中各点值的中值代替，从而淡化或消除原始图形中孤立、异常的点，进而达到降低原始图像异常噪声的目的。

首先，将图形的原始各点灰度值数据按照数值的大小不同进行有序排列

$r_1 \leqslant r_2 \leqslant r_3 \leqslant \cdots \leqslant r_n$，中值 $y$ 的计算方法如下：

$$y = \mathrm{med}\left(r_1, r_2, r_3, \cdots, r_n\right) = \begin{cases} \dfrac{1}{2}\left[r_{\left(\frac{n}{2}\right)} + r_{\left(\frac{n}{2}+1\right)}\right], & n\text{为偶数时} \\[2ex] r_{\left(\frac{n+1}{2}\right)}, & n\text{为奇数时} \end{cases} \quad (2\text{-}8)$$

非线性中值滤波也是通过灰度领域中值替代灰度异常值，具有明显的图形降噪效果，且降噪过程不会造成图形边界模糊。选择不同计算模板进行非线性中值滤波时，图形会产生不同程度的内部失真，计算模板选择越大图形失真越明显，图 2-9 为非线性中值滤波效果图。

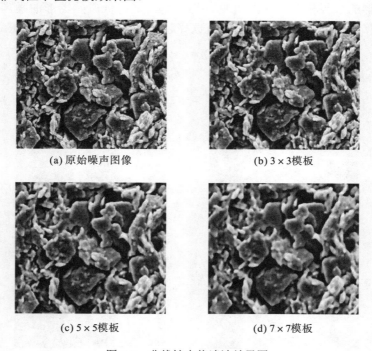

(a) 原始噪声图像　　　　　　　　　　　　(b) 3×3 模板

(c) 5×5 模板　　　　　　　　　　　　(d) 7×7 模板

图 2-9　非线性中值滤波效果图

## 2.2.2　图像形态学

形态学(morphology)为研究动植物生物体形态本质的一门学科。图形处理过程中所用的数学形态学(mathematical morphology)即对预处理完成后的图形用集合论语言提取感兴趣的图形分量，从而获取图形最本质的结构形态特征。对泥化夹层微组构扫描图片进行图像形态学操作可准确提取其内部颗粒与孔隙的排列组合方式，是后续微组构信息量化提取的基础条件。

## 1. 形态学运算

图像形态学操作能在保持图形基本形态特征的基础上，去掉图形中与研究目的无关的部分，达到增强图形边界对比度、细化图形内部骨架、填充图形内部孔隙的效果，如图 2-10 所示。

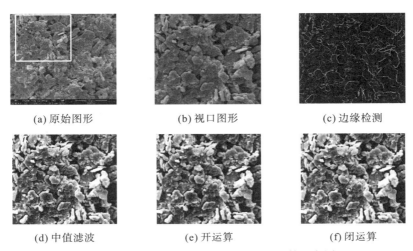

(a) 原始图形　　　　　　　(b) 视口图形　　　　　　　(c) 边缘检测

(d) 中值滤波　　　　　　　(e) 开运算　　　　　　　(f) 闭运算

图 2-10　泥化夹层微细观图像形态学运算示意图

### 1) 图像边缘检测

原始图形的组构边界存在明显灰度突变，即边界定义为原始图形中灰度发生急剧变化的区域。原始图像的灰度信息可以通过灰度分布梯度进行直接反映，通过对原始图像边缘领域的灰度信息构建边缘检测算子，即可实现原始图形的边界信息提取。

$$\nabla f(x,y) = \frac{\partial f}{\partial x}i + \frac{\partial f}{\partial y}j \tag{2-9}$$

其中，$\Delta f(x,y)$ 为原始图像的梯度，梯度幅值 $e(x,y)$ 可由式(2-10)获得：

$$e(x,y) = \sqrt{f_x^2(x,y) + f_y^2(x,y)} \tag{2-10}$$

$e(x,y)$ 可作为图形边缘检测算子。目前常用的边缘检测算子有：Roberts 算子、Sobel 算子、Canny 算子等。

### 2) 图像腐蚀

形态学腐蚀，即用选定的形态结构基元 $B$(默认为 3×3 像素块)对原始图形 $A$ 进行逐一填充，找出原始图像 $A$ 中能全部容下该形态结构基元 $B$ 的区域 $A_0$。该区域 $A_0$ 即为原始图形的腐蚀结果，表示为 $A \ominus B$，定义为

$$A \ominus B = \{A_0: \ B + A_0 \subset A\} \tag{2-11}$$

3) 图像膨胀

形态学膨胀为腐蚀运算的对偶运算，即用选定的形态结构基元 $B$（默认为 3×3 像素块）对原始图形进行全部覆盖，找出形态结构基元 $B$ 能将原始图像 $A$ 全部覆盖的区域 $B_0$。该区域 $B_0$ 即为原始图形的膨胀结果，表示为 $A \oplus B$，定义为

$$A \oplus B = \{B_0: \ B + A \subset B_0\} \tag{2-12}$$

4) 图像开运算

原始图形进行先腐蚀后膨胀的过程称为图像的开运算。开运算能实现图形的边界轮廓圆滑、颗粒间狭窄连接的断开，也可实现图形中较小颗粒的剔除，其表达形式为 $A \circ B$，定义为

$$A \circ B = (A \ominus B) \oplus B \tag{2-13}$$

5) 图像闭运算

原始图形进行先膨胀后腐蚀的过程称为图像的闭运算。闭运算能实现图形的轮廓平滑、颗粒间狭窄缺口的融合、内部小空洞的剔除、颗粒轮廓孔隙的部分填补，其表达形式为 $A \bullet B$，定义为

$$A \bullet B = (A \oplus B) \ominus B \tag{2-14}$$

## 2. 形态学重构

1) 泥化夹层阈值的确定

灰度图片中灰度值越大（白）的区域表示其距离拍摄点位置越近，灰度值越小（黑）的区域其距离拍摄点的位置也越远。鉴于此，SEM 图形中不同区域的灰度数值从数学角度出发可认为其为拍摄点与被拍摄点的距离。

为准确提取泥化夹层 SEM 图像中颗粒与孔隙的微组构信息，首先必须解决在保证分区完整且不改变其基本形貌特征的基础上，如何准确划分泥化夹层颗粒及孔隙的边界。整个 SEM 图像可看作由多个小的单元体构成，每一个小的单元体都由内部的局部极小值区域及其周围领域组成，准确标记、优化局部极小值区域及其周围领域的大小，是合理区分其内部单元体的必要条件。

图形的原始局部极小值区域往往较多 [图 2-11(a)]，常常造成过多的单元体产生。Matlab 中采用 imextendedmin 函数可实现对小于阈值的极小值区域的提取，该函数将灰度图像作为原始函数输入图形，而输出图像为对应该图像的二值图像，且输出的二值图像中局部极小值区域灰度值为 1（白），其他非极值区域灰度值为 0（黑），如图 2-11(b) 所示。

2）形态学灰度极值优化

每一个局部极小值区域默认为一个小的单元体中心，由于样品中一些小颗粒的存在，原始图形中的局部极小值区域往往出现内部空洞的异常点，造成后续图形分割过程的过分割现象。Matlab 中采用 imfill 函数能完善二值局部极小值图形的异常灰度点，采用空洞填充的方式可实现局部极小值区域的优化，以减小原始图形分割过程中细小颗粒的影响，如图 2-11（c）所示。

与小颗粒造成局部极小值内部空洞问题相反，当样品颗粒表面存在小的孔洞时，原始图形的局部极小值区域会异常增加，造成图形分割过程的过分割现象。鉴于此，采用 bwareaopen 函数可实现对局部极小值图形中小于一定数值的局部极小值的剔除，以减小由于颗粒表面细小孔洞对颗粒单元体分割的影响，如图 2-11（d）所示。

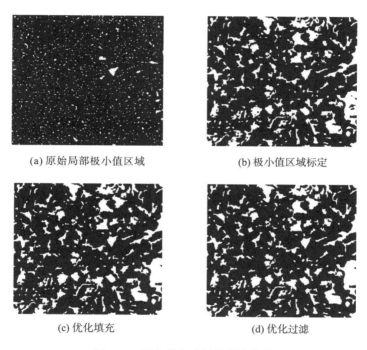

(a) 原始局部极小值区域        (b) 极小值区域标定

(c) 优化填充        (d) 优化过滤

图 2-11 形态学灰度极值优化流程

3）形态学梯度重构

图形的边界信息可通过图形的灰度分布梯度获取，图形的梯度优化过程对于后续基于梯度分割的形态学分割具有导向作用。结合上述局部极小值区域的优化，通过 imimposemin 函数可实现原始图形中局部最小值区域的强制划分，优化重构原始梯度图形，为后续基于梯度图形的形态学分割奠定基础，如图 2-12 所示。

(a) 原始图形　　　　　　　　　　　(b) 重构优化后图形

图 2-12　形态学梯度重构效果图

### 3. 形态学分水岭分割

形态学分水岭算法是一种基于拓扑理论(topology)的数学形态学分析方法，Digabel 及 Lantuejoul 于 1978 年首次将分水岭分割算法引入到了数字图像的处理与分析过程之中(许晓丽，2013；Digabel and Lantuejoul，1978)。该方法基本原理为：将图形中的梯度图像假想为地理测地学中的拓扑地貌，图形中每个点的灰度信息对应于该点的海拔，每一个局部极小值及其周围领域区域组合起来便形成一个类似于水盆的集水盆，将所有的集水盆整合起来便构成了整个图像的分水岭(张毅，2013；Xu et al., 2004)。当前，基于形态学的分水岭分割算法在图像处理过程中以其准确、快速的计算优势受到广大科研工作者的关注，已广泛应用于各综合学科的数字图像分析与处理过程中。

泥化夹层组构表面可假想为一凹凸不平的拓扑地貌，由一系列局部极小值及其领域构成一个个封闭的组构单元。分水岭分割过程类似于夹层凹凸表面被水逐渐侵蚀的过程，通过模拟侵蚀过程能较为准确地提取颗粒与孔隙的边界，且提取的结构单元具有封闭、连续的结构特征，是岩土体微组构参数量化的重要分析手段，如图 2-13(a)、(b)所示。Matlab 中自带分水岭分割算法，watershed 函数能实现数字图片的分水岭分割，该函数将原图梯度图形作为输入图形，将二值图片作为输出图形，如图 2-13(c)、(d)所示。

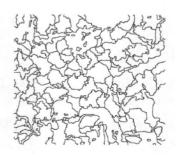

(a) 分割对比结果　　　　　　　　　　(b) 分水岭分割结果

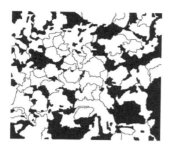

(c) 颗粒边界提取结果　　　　　　(d) 孔隙边界提取结果

图 2-13　分水岭分割结果示意图

## 2.3　泥化夹层微细观组构特征的量化

随着计算机科技的发展，诸多较为先进的图像处理技术不断运用于数字图像的定量化分析过程中，如：Photoshop、Matlab、IPP、SIS Analysis 3.0、SEM Aforce ver 4.02、PCAS（张伟明等，2018；孔令荣，2007）、MIPS（李向全和胡瑞林，1999）及 CASS（周阳，2013）等。为批量化处理本次泥化夹层微组构参数并获取规律性的组构特征信息，本章选用 Image Pro Plus（IPP）软件对上述泥化夹层颗粒与孔隙的提取图像进行微组构参数量化。

### 1. 颗粒级配及孔隙率

泥化夹层颗粒级配主要包括泥化夹层颗粒平均面积 $\overline{S}$、最大粒径化 $D_{max}$、最小粒径 $D_{min}$；泥化夹层孔隙的孔隙率主要指泥化夹层的面孔隙率 $n_0$。

$$\overline{S} = \frac{1}{n}\sum_{i=1}^{n} S_i \tag{2-15}$$

$$n_0 = \frac{A_v}{A} \times 100\% \tag{2-16}$$

式中，$S_i$ 为单个泥化夹层颗粒面积；$A_v$ 为图片中泥化夹层孔隙面积总和；$A$ 为整个泥化夹层图像面积总和。

### 2. 颗粒及孔隙圆度

颗粒与孔隙的圆度主要指视窗图形中所有颗粒与孔隙的平均圆形度，用 $R$ 表示，其取值范围为(0，1)，当 $R$ 为 1 时其表示该颗粒或孔隙的区域为一个标准的圆形，其计算方法如下：

$$R_i = 4\pi A_i / L_i^2 \tag{2-17}$$

$$R = \frac{1}{n}\sum_{i=1}^{n} R_i \tag{2-18}$$

式中，$A_i$ 为单一泥化夹层颗粒或孔隙的面积；$L_i$ 为单一泥化夹层颗粒或孔隙的周长。

### 3. 颗粒及孔隙定向性

泥化夹层颗粒与孔隙的定向性用夹层颗粒与孔隙的最大方向角 $\alpha$ 间接表示，其表示方法如图 2-14 所示。

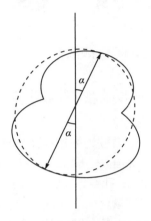

图 2-14    最大方向角示意图

### 4. 颗粒及孔隙分形维数

图像中一条直线可用一维坐标表示，无数的直线构成一个二维平面，无数的二维面构成三维的图形。这些比较完整的维数都已成为共识，然而自然界中存在一些并非直观的物体，其维数并非整数，需要一种新的数学表达方式对其进行划分。分形几何学主要是研究一些自相似性曲线和自平演性图形内部自相似、自平演的相关系数。岩土体材料的力学行为具有明显的不确定性、不规则性及模糊性，分形几何对于揭示岩土体材料这种复杂不确定性问题具有重要导向作用，开辟了岩土体材料研究的新方向。

分形几何的主要表达形式为分形维数，泥化夹层的起伏分维数是泥化夹层颗粒及孔隙微组构轮廓形态的综合表述，定义为：用长度为 $a$ 的测量尺对研究体轮廓进行测量，统计测量研究体所需的测量尺个数 $N(a)$；同时，以指数倍数增加测量尺长度 $a_1, a_2, \cdots, a_i$，统计不同长度下测量研究体所需的标尺个数 $N(a_1), N(a_2), \cdots, N(a_i)$，如图 2-15 所示，该图片中研究实体轮廓的起伏分维数 $D$ 定义为以 $\ln a_i$ 及 $\ln N(a_i)$ 为坐标的线段的斜率：

$$D = -\lim_{a_i \to 0} \frac{\ln N(a_i)}{\ln a_i} = -K \tag{2-19}$$

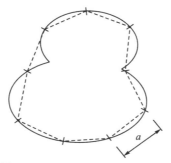

图 2-15　起伏分维数计算示意图

# 2.4　工　程　实　例

## 2.4.1　泥化夹层微细观形貌的获取

### 1. 采样区工程地质特征

泥化夹层试样采集于青川车站，其位于四川省广元市剑阁县金子山镇，属于扬子准地台西北边缘地带，位于川西北台陷次级构造与龙门山构造带边缘区，该地区地层岩性以碎石土、细角砾石、粉质黏土及泥岩夹粉砂岩性居多。图 2-16 为泥化夹层取样点形貌图，取样点 1 [图 2-16(b)] 的岩层层面产状为 140.0°∠44.9°，取样点 2 [图 2-16(c)] 的岩层层面产状为 141.0°∠49.0°。

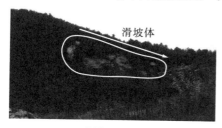

(a) 取样点整体形貌

(b) 取样点局部特征(取样点1)

(c) 取样点局部特征(取样点2)

图 2-16　泥化夹层取样点

## 2. 样品采集与储备

样品的扰动直接影响着土体内部微结构的变化。为尽量减少现场取样过程对泥化夹层微结构的扰动，本次试验样品主要采用环刀加蜡封的取样方式进行现场样品采集。同时，为减少运输过程中对采集样的扰动，样品采集完后立即放入保温箱进行集中储备与运输，采样过程如图 2-17 所示。

(a) 环刀取样

(b) 试样蜡封

(c) 保鲜膜包裹

(d) 保温箱保存

图 2-17　泥化夹层试样的采集

## 3. 泥化夹层微观形貌

将现场环刀取回的原状泥化夹层切割为适用于扫描电镜的试样，并选取上中下三个部位的试样进行扫描试验。本次试验扫描同时使用了德国卡尔·蔡司股份公司 (Carl Zeiss AG) 的扫描电镜 (SEM) 及美国 FEI 公司的环境扫描电镜 (ESEM) (图 2-18)。为全面准确提取泥化夹层不同区域的微组构形态照片，对 11 组泥化夹层试样的不同区域提取了约 120 张 2500 倍、5000 倍、7500 倍等放大倍数下的组构形态照片，如图 2-19 所示。

(a) 美国FEI环境扫描电子显微镜

(b) 卡尔·蔡司扫描电子显微镜

图 2-18　扫描电子显微镜

| (a) 2500倍 | (b) 5000倍 | (c) 7500倍 |

图 2-19 不同放大倍数下的泥化夹层微细观形貌

## 2.4.2 泥化夹层组构参数量化分析

如图 2-20 所示,将经过图像处理后的泥化夹层微细观图像导入 Image Pro Plus 系统中,本试验采用 Rectangular 矩形 AIO 工具确定视窗边界,然后对视口图形区域的二值图像中的白色颗粒或孔隙区域进行分别测量与统计计数,最终得到孔隙和颗粒的面积、定向角度、最大直径、分形维数等微组构参数。

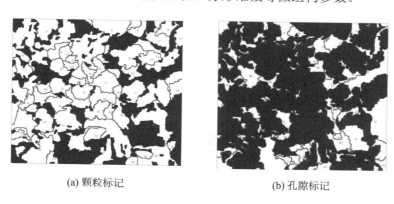

| (a) 颗粒标记 | (b) 孔隙标记 |

图 2-20 泥化夹层孔隙和颗粒区域标记

### 1. 颗粒组构参数

1)颗粒级配

通过对泥化夹层上部 280 个土颗粒、中部 369 个土颗粒及下部 234 个土颗粒进行最大粒径统计分析,泥化夹层颗粒的各部位土颗粒大小如图 2-21 所示。

由图 2-21 可以看出:泥化夹层颗粒最大粒径多在 5μm 以下,同时以 1～3μm 粒径的颗粒居多,下部颗粒与上部颗粒相比 2～3μm 颗粒逐渐增多。由此可见,在天然沉积及物理化学风化作用下,泥化夹层不同位置颗粒粒径大小分布不同。泥化夹层上部颗粒风化作用强烈,颗粒粒径较小。随着风化程度的降低,下部颗粒粒径呈现细微增大趋势。

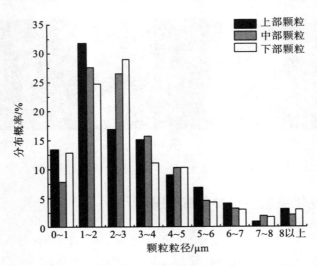

图 2-21    泥化夹层颗粒最大粒径分布图

2) 颗粒圆度

土体颗粒的圆度用以表征土颗粒接近理论圆形的程度。如图 2-22 所示，通过对泥化夹层颗粒圆度进行大量计算统计后获取了泥化夹层不同部位颗粒的圆度特征。

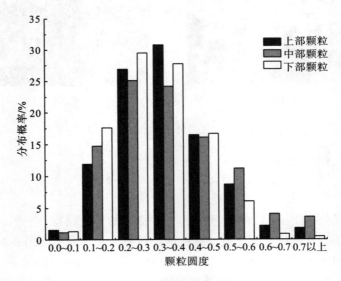

图 2-22    夹层颗粒圆度分布图

由图 2-22 可知：泥化夹层的颗粒圆度多为 0.1～0.5，且以 0.2～0.4 居多，上部颗粒圆度以 0.3～0.4 居多，下部颗粒圆度以 0.2～0.3 居多。由此可见，泥化夹层在自然风化作用下，上部颗粒风化强烈，致使其颗粒圆度较大，颗粒越趋近于圆形分布，随着天然风化作用的加剧，沿纵断面方向，泥化夹层颗粒粒径呈现整体扁平趋势。

3）颗粒定向性

通过对泥化夹层各部分颗粒的定向性进行统计分析，泥化夹层其颗粒分布特征如图 2-23 所示。

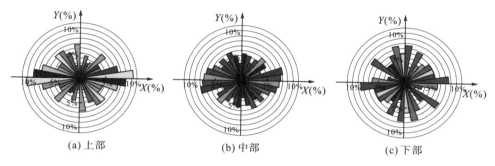

图 2-23　泥化夹层各部位颗粒定向性玫瑰图

由图 2-23 可知：泥化夹层上部颗粒排列的定向角多为 70°～110°，颗粒间呈现较为明显的水平向分布特征；泥化夹层的中部颗粒排列定向角分布较为均匀；泥化夹层下部颗粒排列的定向角多为 150°～190°（±10°）。由此可见，沿纵断面方向，泥化夹层颗粒排列方向逐渐从水平向竖直方向过渡，呈现较为明显的竖直向分布特征。

4）颗粒起伏分维数

泥化夹层颗粒的起伏分维数直接表征泥化夹层的颗粒排列复杂程度，通过对不同区域泥化夹层颗粒的起伏分维数进行统计分析，泥化夹层各部位起伏分维数特征如图 2-24 所示。由图可知：泥化夹层上部颗粒起伏分维数多为 1.09～1.12，以 1.10～1.11 居多，图形近似于正态分布；泥化夹层中部颗粒起伏分维数多为 1.08～1.13，以 1.08～1.09 居多，分形维数较上部区域波动范围更大；泥化夹层下部颗粒起伏分维数多为 1.08～1.12，以 1.09～1.10 居多。

## 2. 孔隙组构参数

1）孔隙级配

通过对泥化夹层上部 254 个孔隙、中部 417 个孔隙、下部 275 个孔隙进行统计分析，泥化夹层各区域孔隙最大直径呈现如图 2-25 所示特征。

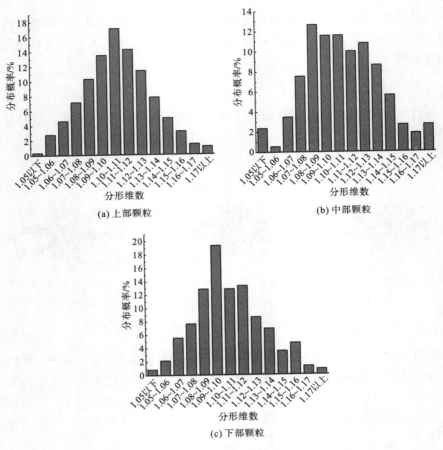

(a) 上部颗粒　　　　　　　　　　　　(b) 中部颗粒

(c) 下部颗粒

图 2-24　泥化夹层各部分颗粒起伏分维数分布图

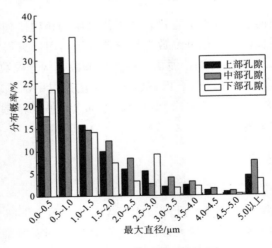

图 2-25　孔隙最大直径分布图

　　由图 2-25 可知：泥化夹层的孔隙结构大小多为 0.0～1.5μm，最大直径大于 3.0μm 的孔隙较少；上、中、下部区域的孔隙结构大小均以 0.5～1.0μm 居多。由此可见，泥化夹层的孔隙可分为颗粒间孔隙和簇团内孔隙，孔隙大小在不同层面上表现出较为相似的几何结构特征。

　　2）孔隙圆度

　　泥化夹层不同区域孔隙圆度呈现不同特征（图 2-26），数值均以 0.2～0.5 居多，上部孔隙圆度值以 0.2～0.3 居多，中部孔隙圆度以 0.3～0.4 居多，下部孔隙以 0.4～0.5 数值的圆度数值居多。由此可见，沿泥化夹层纵断面方向，孔隙圆度呈现较为明显的递增趋势。

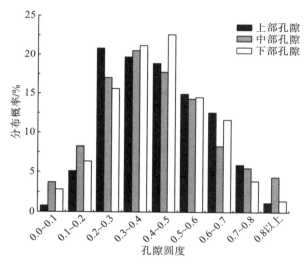

图 2-26　孔隙圆度分布图

　　3）孔隙定向性

　　通过对泥化夹层不同区域的孔隙定向性进行统计分析后发现，泥化夹层不同区域的孔隙定向性呈现不同的分布特征，统计数据如图 2-27 所示，泥化夹层上部孔隙定向性较为均匀，孔隙定向排列均以 90°～100°居多；中部孔隙多以水平向分布为主，以 70°～110°居多；而下部孔隙竖直向分布逐渐增多，以 160°～200°（± 20°）居多。

　　4）孔隙起伏分维数

　　泥化夹层的孔隙起伏分维数呈现如下特征（图 2-28）：泥化夹层上部孔隙起伏分维数主要介于 1.08～1.11，以 1.09～1.10 居多；中部孔隙起伏分维数主要介于 1.08～1.13，以 1.10～1.11 居多；下部孔隙起伏分维数多为 1.08～1.12，以 1.10～

1.12 居多。由此可见，沿着泥化夹层纵断面方向，孔隙起伏分维数呈现逐渐增大趋势。

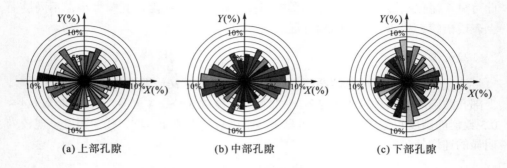

(a) 上部孔隙　　　　　　　(b) 中部孔隙　　　　　　　(c) 下部孔隙

图 2-27　泥化夹孔隙性定向分布图

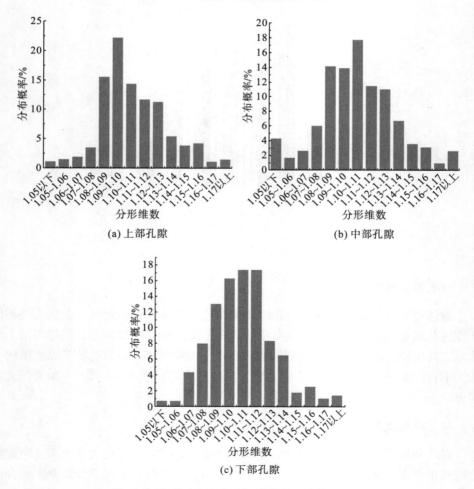

(a) 上部孔隙　　　　　　　　　　　　(b) 中部孔隙

(c) 下部孔隙

图 2-28　泥化夹层各部分孔隙起伏分维数分布图

# 2.5  本 章 小 结

本章从微细观层面出发，通过室内试验、图像处理、数学统计等技术手段对泥化夹层微细观组构特征进行了较为深入的研究，形成了一套适用于泥化夹层的微细观组构参数量化表征方法，并通过工程实例进行了验证，为构建泥化夹层细观力学模型奠定了基础。主要获得了以下结论：

（1）结合室内试验、图像处理、数学统计等技术手段，建立了一套以"直方图均衡化→非线性中值滤波→边缘检测→开闭运算→形态学重构→分水岭分割"为流程的泥化夹层微细观组构特征量化方法，准确量化了泥化夹层颗粒和孔隙的圆度、级配、定向性、分形维数等细观组构参数。

（2）通过对泥化夹层不同区域的土体颗粒参数进行量化统计分析发现：泥化夹层颗粒最大粒径多在 5μm 以下，颗粒圆度多在 0.1～0.5，颗粒排列定向角多在 70°～110°，颗粒间呈现较为明显的水平向分布特征。

（3）通过对泥化夹层不同区域的孔隙参数进行量化统计分析发现：泥化夹层的孔隙结构大小均以 0.5～1.0μm 直径大小居多。泥化夹层不同区域孔隙圆度呈现不同分布特征，上部圆度以 0.2～0.3 最多，中部主要为 0.3～0.4，下部主要为 0.4～0.5；泥化夹层上部孔隙定向性分布较为均匀，中部孔隙多以水平向分布为主，而下部孔隙竖直向分布逐渐增多。

# 第三章　基于结构"聚类-融合-简化"的泥化夹层细观力学有限元模型

建立泥化夹层细观结构几何模型和获取相应的细观力学参数是构建泥化夹层细观力学模型的基本条件，然而由于扫描电镜观测尺度问题，不同观测区域和放大倍数下所获取的泥化夹层细观结构参数具有差异性。因此，如何获取能表征泥化夹层整体微细观结构的单元，并将其简化为便于计算的几何单元是构建泥化夹层细观力学模型必须解决的问题。本章从泥化夹层细观组构出发，形成了一套以"组构量化→相似聚类→融合重构→等效简化"的泥化夹层细观力学模型构建方法。首先，通过构建相似度计算模型，对泥化夹层细观图像进行聚类；其次，利用加权平均和择近重构原则，实现了泥化夹层细观图像的融合重构，得到了泥化夹层细观组构代表性单元；然后，通过定义细观组构简化原则，建立了结构简化的泥化夹层细观几何模型；最后，运用细观力学理论，获取了泥化夹层细观力学参数，以此构建了泥化夹层的细观力学模型，阐明泥化夹层宏细观力学行为之间的关联机制。

## 3.1　细观结构聚类融合

### 3.1.1　泥化夹层细观组构聚类

泥化夹层细观组构图像的相似性即组构参数的相似性，参数数值的相似度可由参数的空间距离相似度进行量化，空间距离越接近，则样本的相似度越高(Shepard, 1962a, 1962b)。本节提出了一套基于细观组构参数相似度量化的泥化夹层聚类方法，既构建高斯型相似度计算模型对泥化夹层组构图形间的相似度进行量化，然后通过设定相似度阈值实现泥化夹层组构图像的模糊聚类。

1. 相似性计算的要求

综合考虑泥化夹层细观组构特征及相似度的基本定义，相似度计算模型的选取必须满足以下基本要求(肖宇，2012)：

(1) 对于任意两个泥化夹层细观组构图像 $M_1$、$M_2$，其相似度 $S$ 满足 $0 \leqslant S(M_{12}) \leqslant 1$，且当 $M_1 = M_2$ 时，$S(M_{12}) = 1$，即相似度模型计算范围介于 $0 \sim 1$，

当且仅当泥化夹层各细观组构参数均值相同时，其细观组构图像间的相似度为1。

（2）对于任意两个泥化夹层细观组构图像 $M_1$、$M_2$，$S(M_{12}) = S(M_{21})$。即相似度模型中，两幅细观组构图像间的相似度与参照物选取无关，仅与图像间的参数均值有关。

只有满足以上两个基本要求的相似度计算模型才能准确实现泥化夹层细观组构图像间相似度的量化分析。

## 2. 高斯型相似度计算模型的构建

结合上述泥化夹层细观组构图形相似度计算模型的选取基本要求，同时结合既有的文献研究基础（Ng et al., 2001），本节尝试结合高斯型相似度计算模型建立一套适用于泥化夹层细观组构特征的相似度计算模型，以实现泥化夹层细观组构图像相似度的量化。高斯型相似度计算模型中其相似度计算方法如下（白雪，2012）：

$$S(M_{12}) = \exp\left(-\frac{d^2(M_1, M_2)}{2\sigma^2}\right) \tag{3-1}$$

式中，$S(M_{12})$ 表示图像 $M_1$ 与 $M_2$ 的相似度；$d^2(M_1, M_2)$ 表示图像 $M_1$ 与 $M_2$ 的空间距离；$\sigma^2$ 表示数据的尺度参数，即图像中细观组构参数的离散程度（方差）。

高斯型相似度计算模型构建的技术难点主要在于空间距离及尺度参数的选取。为准确获取高斯相似度计算模型的空间距离与尺度参数，本书采用了大量数学统计学与土力学的相关知识。下面分别从泥化夹层的数据空间距离选取、尺度参数确定两个方面，依次阐述泥化夹层细观组构图像高斯型相似度计算模型的构建过程。

### 1）数据空间距离选取

目前已有大量文献对数据的空间距离进行了定义（Deza M and Deza E, 2009），对于一个含有 $n$ 个元素的组构图像集合 $M$，其主要的空间距离总结起来有以下几种（甘健胜，2005）。

欧氏距离（Euclidean distance）：

$$d(M_1, M_2) = \|M_1 - M_2\|_2 = \left(\sum_{i=1}^{n}|M_{1i} - M_{2i}|^2\right)^{\frac{1}{2}} \tag{3-2}$$

曼哈顿距离（Manhattan distance）：

$$d(M_1, M_2) = \|M_1 - M_2\|_1 = \sum_{i=1}^{n}|M_{1i} - M_{2i}| \tag{3-3}$$

马氏距离（Mahalanobis distance）：

$$d(M_1, M_2) = \left[ \left( M_1 - M_2 \right)^{\mathrm{T}} \boldsymbol{S}^{-1} \left( M_1 - M_2 \right) \right]^{\frac{1}{2}} \tag{3-4}$$

式中，$\boldsymbol{S}$ 为数据的协方差矩阵。

切比雪夫最大距离（Chebyshev distance）：

$$d(M_1, M_2) = \| M_1 - M_2 \|_\infty = \max |M_{1i} - M_{2i}| \quad (i \in 1, 2, \cdots, n) \tag{3-5}$$

闵可夫斯基距离（Minkowski distance）：

$$d(M_1, M_2) = \| M_1 - M_2 \|_q = \left( \sum_{i=1}^n |M_{1i} - M_{2i}|^q \right)^{\frac{1}{q}} \tag{3-6}$$

其中，欧氏距离、曼哈顿距离及切比雪夫距离都可以看作闵可夫斯基距离的特殊情况。泥化夹层细观组构图像相似度可通过图像间的空间距离间接反映，结合上述各空间距离的性质，本书在构建泥化夹层细观组构特征相似度计算模型过程中，采用欧氏距离对泥化夹层细观组构参数间的空间距离进行度量。

2）尺度参数确定

组构图像的尺度参数即组构参数的综合数据方差，结合统计学相关知识（甘健胜，2005）：对于给定的含 $n$ 个样本的集合，其统计学相关名词术语定义如下。

样本数据的均值定义为

$$\overline{X} = \frac{\sum_{i=1}^n X_i}{n} \tag{3-7}$$

样本数据的标准差定义为

$$S = \sqrt{\frac{\sum_{i=1}^n \left( X_i - \overline{X} \right)^2}{n-1}} \tag{3-8}$$

样本数据离散程度的尺度参数（方差）$\sigma^2$ 为

$$\sigma^2 = S^2 = \frac{\sum_{i=1}^n \left( X_i - \overline{X} \right)^2}{n-1} \tag{3-9}$$

以样本各参数均值 $\mathrm{Mid}(\gamma_1, \gamma_2, \gamma_3, \gamma_4, \varepsilon_1, \varepsilon_2, \varepsilon_3, \varepsilon_4)$ 作为样本均值，对所有组构图片的组构参数进行离散程度分析，代入式（3-9）即可计算泥化夹层组构参数的尺度参数（方差）$\sigma^2$ 值。

因为泥化夹层组构数据的变化范围不在同一数量级，若直接将泥化夹层细观组构参数代入式（3-9）进行离散程度分析将无任何意义，例如：对于颗粒直径，其变化量级最大达到了 1 的整数倍，而对于分维数的变化量级仅为 0.01。鉴于此，对于组构图像的离散程度分析，首先必须对其组构参数的变化范围进行量级统一，量级统一运算具体过程为：将每一个组构参数与其对应的样本均值参数相比，以获取不同参数的无量纲数据。结合样本均值数据、组构图像参数及组构参数无量纲数据即可进行组构图像空间距离离散程度分析。

### 3. 组构图像相似聚类

结合上述推演过程，泥化夹层的高斯相似性计算模型的计算表达式如下：

$$S(M_{12}) = \exp\left(-\frac{d^2(M_1, M_2)}{2 \times 0.25}\right) \tag{3-10}$$

其中，$S(M_{12})$ 表示组构图像 $M_1$ 与 $M_2$ 的相似度；$d^2(M_1, M_2)$ 表示组构图像 $M_1$ 及 $M_2$ 经量级统一后的空间欧氏距离。

将量级统一后的参数代入式(3-2)计算其空间欧氏距离，将所得空间欧氏距离代入式(3-10)，计算图像相似度。

本章采用泥化夹层高斯相似计算模型对图像间的相似度进行了大量统计分析，泥化夹层图像相似度累积分布函数满足式(3-11)。结合组构图像相似度累积分布函数，参考土颗粒限制粒径的确定方法(陈希哲，2003)，本书将组构参数累积相似度达60%所对应的相似度(约为0.6)作为泥化夹层相似度聚类的阈值。

$$y = -119.44x^2 + 15.684x + 99.421 \quad \left(x \in (0,1], R^2 = 0.99\right) \tag{3-11}$$

## 3.1.2　泥化夹层细观组构的重构优化

利用相似度计算模型，可将泥化夹层的组构图像进行相似度聚类分析，然而在实际的应用过程中，仍然难以定性及定量地描述该区域夹层的组构特征。鉴于此，本节通过图像融合技术对具有相似组构特征的泥化夹层组构图像进行融合，最后对融合后的孔隙分布云图进行孔隙择近重构，进而获取能表征该区域组构特征的重构融合图像。组构特征重构结果能直接用于泥化夹层细观结构模型的数值建模，为泥化夹层力学结构模型的建立提供了必要的研究基础。

图像的融合主要分为三个层次，分别为：像素级融合、特征级融合及决策级融合。为了使重构的夹层组构图像最大程度上保存其原始组构信息，同时又不失其代表性，本节选择了最为基础的像素级融合层次对泥化夹层细观组构图像进行融合。

### 1. 加权平均型组构图像融合

像素级图像融合建立在图像的原始信息(像素、灰度)基础上，直接对其进行综合分析，并提取图像中所有像素与灰度信息实现不同图像间的融合。其最大的优点在于融合结果能最大限度地保留原始图像的各种细节信息，但是由于其融合对象较为丰富，融合过程中的计算量也相应增加。目前像素级融合方法主要有加权平均融合方法、基于区域特征的融合方法及像素灰度值选大/小融合方法等。本书在综合考虑各融合方法优缺点的基础上，选择加权平均型融合方法对泥化夹层代表性细观组构图像进行提取。

图像的加权平均型融合方法的数学表达式如下：

$$F(m,n) = \omega_1 A(m,n) + \omega_2 B(m,n) \tag{3-12}$$

式中，$m$ 为图像中像素的行号；$n$ 为图像中像素的列号；$\omega_1$ 及 $\omega_2$ 为加权系数，且满足关系 $\omega_1 + \omega_2 = 1$。

如图 3-1 所示，随机选取了同一区域 4 张满足融合准则的细观组构图像，并对其进行了加权平均型图像融合，为该区域代表性组构特征图像提取提供必要研究基础。综合分析融合图像及其灰度直方图可知：加权平均型图像融合技术能在保留原始图像细节信息的基础上最大限度地表征孔隙的分布规律；原始图像中，孔隙的重合次数越多，融合图像在该区域的灰度数值越小；具有相同重合次数的孔隙区域，其融合后灰度数值相等。

(a) 满足组构融合准则的图像

(b) 加权平均融合后的图像

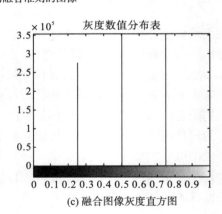

(c) 融合图像灰度直方图

图 3-1　泥化夹层细观组构图像融合示例

## 2. 融合图像的择近重构

本节从融合图像的灰度直方图出发，首先借助二值化程序对融合后的图像进行二值化多层重构，然后对重构前后的图像进行对比分析，以提取泥化夹层细观组构的最优化重构图像，为后续泥化夹层的细观力学行为分析提供指导。

结合融合图像灰度直方图信息，融合后图像的灰度被平均分为 4 个区域段，灰度数值越低(黑)的部分表示该区域出现孔隙的频率越高。鉴于此，本书分别选择泥化夹层各段的中值灰度作为程序二值化分割的阈值对融合后的组构图像进行分层重构，从而提取泥化夹层不同孔隙分布概率下的组构特征重构图像(图 3-2)。

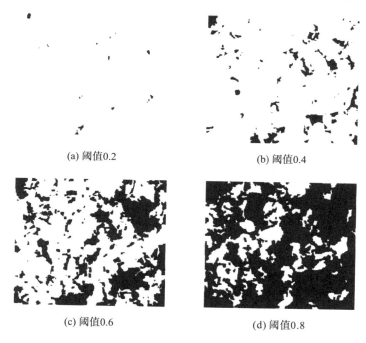

(a) 阈值0.2　　　　　　　　　　　　　　(b) 阈值0.4

(c) 阈值0.6　　　　　　　　　　　　　　(d) 阈值0.8

图 3-2　泥化夹层重构图像

## 3.2　细观结构等效简化方法

### 3.2.1　简化原则的定义

采用第二章所述泥化夹层细观组构量化表征方法，通过对泥化夹层细观图像进行图像增强、降噪、直方图处理、边缘检测等处理，得到了泥化夹层的二值化图像。将所获取的泥化夹层二值化图像划分为尺寸适当的正方形，其上下左右四个边分别为 $a$、$b$、$c$、$d$，长度为 $L$，各正方形面积为 $A$，孔隙面积为 $B$，则有如下简化原则：

Ⅰ、完全实体(孔隙)区域无须简化，以实体(孔隙)性质为主；

Ⅱ、实体区域内含有单个封闭孔隙，按其同等面积 $B$ 简化为圆形，二者形心相同；

Ⅲ、区域内含有多个孔隙且孔隙的面积比较相近时，简化圆的形心位于孔隙簇的中心孔隙形心中，孔隙面积不变；

Ⅳ、区域内含有多个孔隙且孔隙的面积不同时，若劣势孔隙面积小于优势孔隙的 20%，简化圆的形心位于优势孔隙形心处，简化孔隙面积为二者之和；

Ⅴ、孔隙贯通时，根据孔隙面积及形心位置的实际情况，将孔隙简化为两个或者两个以上的圆形，其中圆形的圆心连线为孔隙的贯通方向。

孔隙位置的选取决定泥化夹层细观结构的不均匀性质，可采用最优孔隙形心代替整体孔隙形心位置，最优孔隙形心的选取应符合以下几个要求：

(1)简化孔隙形心应处于某一个既有孔隙中；

(2)该孔隙处于整体孔隙的中间位置；

(3)孔隙形心的选取应代表所有孔隙的大致走向；

(4)当所简化的圆形孔隙溢出边界时，将孔隙沿着该边界法向方向平移，使圆形孔隙与该边界相切。当同一切割图片中的简化孔隙进行重叠时，平行或竖向移动使得原有孔隙率保持不变。

### 3.2.2　组构简化

将泥化夹层细观组构矢量化图片导入 CAD 中，黑色代表孔隙，白色代表黏土体，对其进行分割并进行编号。分别计算每个单元的孔隙面积、实体面积、孔隙百分比及孔隙的形心位置，然后通过对比简化原则，对每个正方形进行简化，最终将孔隙简化为圆孔，表 3-1 展示了部分简化效果，原始图像尺寸均为 $20\mu m \times 20\mu m$。

表 3-1　部分孔隙简化效果图

| 编号 | 原始图像 | 简化图像 | 数据 | 简化原则 |
|---|---|---|---|---|
| 1 | 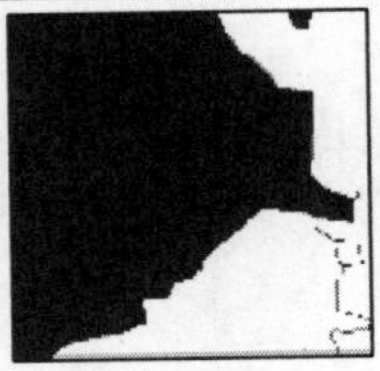 |  | 孔隙为圆形，半径 9.026μm，形心坐标[9.518,10] | V |
| 10 | 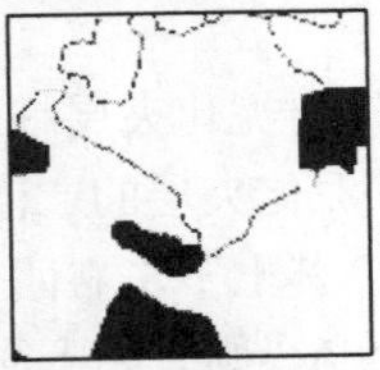 |  | 孔隙为圆形，半径 3.977μm，形心坐标[8.921,7.000] | III |
| 13 |  | 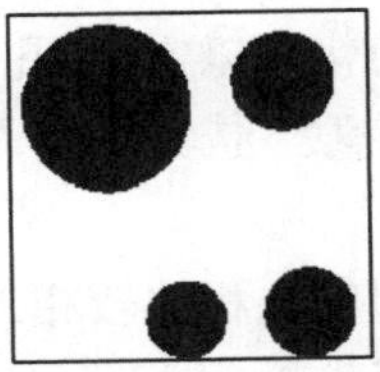 | 孔隙半径分别为 4.72μm、2.826μm、2.172μm、2.523μm，形心坐标分别为[5.1299,14.3724]、[14.9827,15.75519]、[9.4205,2.2147]、[16.3181,2.5356] | V |

# 3.3 基质体力学参数的获取

## 3.3.1 变形模量的获取

一般情况下,在测量黏土体弹性模量时,均采用三轴压缩试验,但由于泥化夹层成因的特殊性,使其不满足三轴试验所需尺寸。因此,可采用单轴压缩试验获取含有孔隙的泥化夹层整体变形模量,然后通过换算,得到泥化夹层的弹性模量。土体的变形模量是在无侧限情况下应力与应变的比值,包含弹性阶段以及塑性阶段,故选取该段作为泥化夹层变形模量的计算区间。则结合该段泥化夹层试样所受应力和弹性-塑性阶段的应变值求得泥化夹层整体的变形模量。

$$\sigma = P / A \tag{3-13}$$

$$E_0 = \sigma / \varepsilon \tag{3-14}$$

## 3.3.2 泊松比的计算方法

为获取泥化夹层整体的弹性模量,可在已有的变形模量基础上,借助压缩模量完成变形模量和弹性模量之间的转换。

为了建立变形模量和压缩模量的关系,常需测量土的侧压力系数 $k_0$ 和侧膨胀系数(泊松比)$\mu$。根据材料力学广义胡克定律推导求得 $k_0$ 和 $\mu$ 的相互关系:

$$k_0 = \mu(1-\mu) \text{ 或 } \mu = k_0 / (1+k_0) \tag{3-15}$$

在土的压密变形阶段,假定土为弹性材料,则可根据材料力学理论,推导出变形模量 $E_0$ 和压缩模量 $E_s$ 之间的关系:

$$E_s = \frac{1-\mu}{1-\mu-2\mu^2} \times E_0 \tag{3-16}$$

若要求得压缩模量,除了通过试验获取变形模量之外,还需要获取泥化夹层的泊松比。由于泥化夹层样本无法满足常规三轴试验所需尺寸,故在单轴试验中已经测得泥化夹层竖向应变的情况下,可采用三维数字散斑仪获取泥化夹层横向变形值,从而计算两者的比值。

$$\mu = \varepsilon_x / \varepsilon_z \tag{3-17}$$

## 3.3.3 弹性模量的确定

泥化夹层中所含的矿物质以及矿物质含量均与黏土有较高的一致性。故在分析泥化夹层弹性模量方面,可参照已有的黏土体进行,但在弹性模量与压缩模量的换算过程中,黏土体方面目前还没有一种较为统一的数学换算方法,学者普遍用经验公式进行换算，即式（3-18）。考虑到泥化夹层的成因及在实际工程中的作用，可取最小值进行分析。

$$E = 2 \sim 5E_s \tag{3-18}$$

## 3.4　细观力学参数反分析

### 3.4.1　Mori-Tanaka 方法

由于泥化夹层中含有细观孔隙，故可以将泥化夹层看作是由孔隙和黏土基质体组合而成的复合材料，孔隙为夹杂相，黏土体为基质体。从而运用细观力学理论，在考虑泥化夹层细观结构的情况下分析泥化夹层的有效性质。复合材料细观力学的研究方法有多种，其中，稀疏法、微分法、广义自洽法（generalized self-consistent method，GSC）以及 Mori-Tanaka（M-T）方法最为常用。

Eshelby 理论只针对基质体内含有一个颗粒的情况，但现实材料中复合材料的夹杂相往往不是单独出现的，因此需探索解决基质体内有多个夹杂相的一种方法。稀疏法对于基质体内其他夹杂相之间的相互影响则考虑不足，与本章所考虑的多孔隙夹杂情况不符；自洽法所考虑的夹杂仅限于基质体与夹杂体材料性质差异不大的情况，而当夹杂材料为刚性或者孔隙时，该方法具有一定的局限性；微分法是将夹杂体视为均质分布，与本章的孔隙分布情况有一定的差异。

M-T 方法通过考虑基质体内多个夹杂相对远场应力与应变的影响，综合分析夹杂体与基质体的刚度，为本章提供了一种行之有效的方法。故本章在综合分析各个方法优缺点的基础上，决定采用 M-T 理论研究含有孔隙夹杂的泥化夹层性质。现设区域内有多个夹杂相颗粒，其体积含量为 $C_1$，弹性模量为 $E_1$，受均匀应力 $\bar{\sigma}$ 作用，如图 3-3、图 3-4 所示。

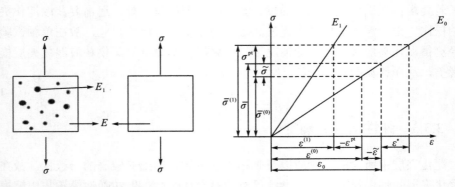

图 3-3　颗粒增强复合材料和均质对比材料　　图 3-4　等效变换定理示意图

为便于研究，引入一均质对比材料图，其形状与复合材料外形相同，弹性模量为 $E_0$（与复合材料的基体相同），在同样的应力 $\bar{\sigma}$ 作用下，有

$$\bar{\sigma} = E_0 \varepsilon_0 \text{ 或 } \varepsilon_0 = E_0^{-1} \bar{\sigma} \tag{3-19}$$

在夹杂相复合材料中，由于颗粒的存在，基体的应力 $\bar{\sigma}^0$ 不等于 $\bar{\sigma}$，二者之差为 $\tilde{\sigma}$，$\tilde{\sigma}$ 作用下的应变为 $\tilde{\varepsilon}$，因此便产生如下关系：

$$\bar{\sigma}^{(0)} = \bar{\sigma} + \tilde{\sigma} = E_0 \varepsilon^{(0)} = E_0 \left( \varepsilon_0 + \tilde{\varepsilon} \right) \tag{3-20}$$

因此应用等效变换定理，基体内颗粒的应力大小可表示为

$$\begin{aligned}\bar{\sigma}^{(1)} &= \bar{\sigma}^{(0)} + \sigma^{\mathrm{pt}} = \bar{\sigma} + \tilde{\sigma} + \sigma^{\mathrm{pt}} = E_1 \varepsilon^{(1)} \\ &= E_1 \left( \varepsilon_0 + \tilde{\varepsilon} + \varepsilon^{\mathrm{pt}} \right) = E_0 \left( \varepsilon_0 + \tilde{\varepsilon} + \varepsilon^{\mathrm{pt}} - \varepsilon^* \right)\end{aligned} \tag{3-21}$$

### 3.4.2　复合材料有效弹模的推导

根据混合定律，在基质和夹杂相共存的复合材料中，两相材料的分量可用体积分量 $v$ 和重量分量 $w$ 来表示，材料的体积分量为 $v_{\mathrm{f}} = V_{\mathrm{f}}/V_{\mathrm{c}}$，$v_{\mathrm{m}} = V_{\mathrm{m}}/V_{\mathrm{c}}$。材料的夹杂相和基质相的重量分量为

$$w_{\mathrm{f}} = W_{\mathrm{f}}/W_{\mathrm{c}} = \left( \rho_{\mathrm{f}}/V_{\mathrm{f}} \right) / \left( \rho_{\mathrm{c}}/V_{\mathrm{c}} \right) = \left( \rho_{\mathrm{f}}/V_{\mathrm{c}} \right) v_{\mathrm{f}} \tag{3-22}$$

$$w_{\mathrm{m}} = W_{\mathrm{m}}/W_{\mathrm{c}} = \left( \rho_{\mathrm{m}}/V_{\mathrm{m}} \right) / \left( \rho_{\mathrm{c}}/V_{\mathrm{c}} \right) = \left( \rho_{\mathrm{m}}/V_{\mathrm{c}} \right) v_{\mathrm{m}} \tag{3-23}$$

式中，$W$ 表示重量；$V$ 表示体积；下标 f、m、c 则分别表示夹杂相、基体和复合材料。

若已知各组合材料（夹杂相及基质相）的密度，则可将体积分量换算为重量分量。除此之外，结合 $W = \rho V$ 及式 $W_{\mathrm{c}} = W_{\mathrm{f}} + W_{\mathrm{m}}$ 可得复合材料密度为

$$\rho_{\mathrm{c}} = \rho_{\mathrm{m}} \left( V_{\mathrm{m}}/V_{\mathrm{c}} \right) + \rho_{\mathrm{f}} \left( V_{\mathrm{f}}/V_{\mathrm{c}} \right) = \rho_{\mathrm{m}} v_{\mathrm{m}} + \rho_{\mathrm{f}} v_{\mathrm{f}} \tag{3-24}$$

可以看出，复合材料的组合密度可以由各组分材料的密度及体积分数换算而得出。由此可推出，复合材料的其他性能也能进行此类计算，通用表达式为

$$X_{\mathrm{c}} = X_{\mathrm{m}} C_{\mathrm{m}} + X_{\mathrm{f1}} C_{\mathrm{f1}} + X_{\mathrm{f2}} C_{\mathrm{f2}} + \cdots \tag{3-25}$$

其中，$X$ 表示各组分物性；$C$ 表示其百分含量；f1、f2 表示多相增强材料。

式（3-25）便称为混合定律。根据混合定律可知，复合材料的有效物性等于各组分相应物性与百分比的乘积的和，故总应力可以由下式表示

$$\bar{\sigma} = C_1 \bar{\sigma}^{(1)} + C_0 \bar{\sigma}^{(0)} \tag{3-26}$$

式中，$C_0$ 为复合材料中基体的体积百分比，故有 $C_0 + C_1 = 1$。

将式（3-19）、式（3-20）代入复合材料应力应变关系 $\bar{\sigma} = E\bar{\varepsilon}$ 中可得

$$\tilde{\sigma} = -C_1 \sigma^{\mathrm{pt}} \text{ 或 } E_0 \tilde{\varepsilon} = -C_1 \sigma^{\mathrm{pt}} \tag{3-27}$$

结合 $\varepsilon^{\mathrm{pt}} = S\varepsilon^*$（$S$ 为 Eshelby $S$-张量，与基体材料性能及颗粒形状有关）可得

$$\tilde{\varepsilon} = -C_1 \left( S - I \right) \varepsilon^* \tag{3-28}$$

其中，$I$ 为四阶单位张量。

再将式 (3-28) 与 $\varepsilon^{pt} = S\varepsilon^*$ 代入式 (3-21)，整理后得到 $\varepsilon^*$ 关于 $\varepsilon_0$ 的表达式

$$\varepsilon^* = -\left\{(E_1 - E_0)\left[S + (I - S)C_1\right] + E_0\right\}^{-1}(E_1 - E_0)\varepsilon_0 \tag{3-29}$$

另一方面，再根据混合定律可知，各组分应变与百分比乘积之和等于材料总应变 $\bar{\varepsilon}$，即

$$\bar{\varepsilon} = C_1\varepsilon^{(1)} + C_0\varepsilon^{(0)} \tag{3-30}$$

由式 (3-19) 和式 (3-20) 可知

$$\varepsilon^{(1)} = \varepsilon_0 + \tilde{\varepsilon} + \varepsilon^{pt} \tag{3-31}$$

$$\varepsilon^{(0)} = \varepsilon_0 + \tilde{\varepsilon} \tag{3-32}$$

代入式 (3-30) 可得

$$\bar{\varepsilon} = \varepsilon_0 + \varepsilon + C_1\varepsilon^{pt} = \varepsilon_0 + C_1\varepsilon^* \tag{3-33}$$

再由式 (3-21) 及式 (3-28) 可得

$$E = E_0\left\{E - C_1\left[(E_1 - E_0)(C_0 S + C_1 I) + E_0\right]^{-1}(E_1 - E_0)\right\}^{-1} \tag{3-34}$$

对于球形颗粒增强复合材料，上式可简化为

$$K' = K_0\left[1 + \frac{C_1(K_1 - K_0)}{K_0 + \alpha(1 - C_1)(K_1 - K_0)}\right] \tag{3-35}$$

$$G' = G_0\left[1 + \frac{C_1(G_1 - G_0)}{G_0 + \beta(1 - C_1)(G_1 - G_0)}\right] \tag{3-36}$$

$$\alpha = \frac{1}{3}\left[\frac{1 + \mu_0}{1 - \mu_0}\right] \tag{3-37}$$

$$\beta = \frac{2}{15}\left[\frac{4 - 5\mu_0}{1 - \mu_0}\right] \tag{3-38}$$

由材料特性可知，剪切模量、体积模量以及弹性模量之间存在如下的关系式：

$$E' = \frac{9K'G'}{3K' + G'} \tag{3-39}$$

式 (3-34) ～式 (3-39) 中，$K'$、$G'$ 代表有效模量；$C_1$ 代表夹杂相孔隙体积百分比；$\mu_0$ 为基体材料的泊松比。

### 3.4.3　泥化夹层有效弹模、泊松比的反算

利用第二章所建立的泥化夹层细观组构量化方法可得泥化夹层孔隙率，且将泥化夹层看作是由孔隙黏土基质体二相材料复合而成，孔隙固有弹性模量 $E_2$ 和固有泊松比 $\mu_1$ 的值均为 0，因此，根据混合定律有如下表达式。

泥化夹层基质体固有弹性模量为

$$E_1 = \frac{E - E_2 C_2}{C_1} \tag{3-40}$$

泥化夹层基质体固有泊松比为

$$\mu_0 = \frac{\mu - \mu_1 C_1}{C_0} \tag{3-41}$$

由体积模量和剪切模量与固有弹性模量的关系式可知基质体固有体积模量为

$$K_0 = \frac{E_1}{3 \times (1 - 2\mu_0)} \tag{3-42}$$

基质体固有剪切模量为

$$G_0 = \frac{E_1}{2 \times (1 + \mu_0)} \tag{3-43}$$

则在孔隙的影响下，泥化夹层基质体的有效弹性模量为

$$E' = \frac{9K'G'}{3K' + G'} \tag{3-44}$$

# 3.5　工　程　实　例

## 3.5.1　泥化夹层细观参数的获取

### 1. 采样区工程地质特征

泥化夹层样品取自四川成简快速通道龙泉山二号隧道右线入口处路堑边坡（E:104°20′,N:30°20′）（图 3-5）。该点位于龙泉山地质断裂带，红层丘陵地貌，属于逆冲断层，常常爆发小规模地震。该处泥化夹层为泥岩类泥化夹层，厚度随着位置变化分布不均，主要集中在 2～4cm。

(a) 龙泉山二号隧道入口边坡　　　　　　(b) 泥化夹层

图 3-5　红层泥岩泥化夹层

### 2. 泥化夹层基质综合体参数的获取

依据本章节所述泥化夹层综合体参数获取方法，首先采用单轴压缩试验获取含有孔隙的泥化夹层整体变形模量，然后结合数值散斑仪获取泥化夹层轴向与侧向应变，以此计算其泊松比，最终得到泥化夹层的弹性模量。

本次试验采用的德国 ARAMIS 数字白光散斑仪是非接触型高精度光学三维变形测量系统，精度可达 0.001mm，在非接触状态下分析、计算以及记录材料的变形。散斑仪通过追踪样品表面特征点记录泥化夹层的变形，故在样品表面喷射白底，然后均匀喷射黑色散斑，从而强化样品表面特征点。散斑仪通过追踪这些黑色斑点，得到整个过程中样品的变形。

本次试验采用位移加载的方式，加载系统加载速率为 0.18mm/s，直至样品破坏，其试验曲线如图 3-6 所示。由试验曲线可知，泥化夹层在受到竖向压力 500N 之前，应变呈线性变化；500～600N 时呈现出塑性变化趋势，泥化夹层样品半径为 3cm，以此求得泥化夹层所受应力为 0.23MPa。

$$\sigma = P / A = 650 / (\pi \times 0.03^2) \times 10^6 = 0.23\text{MPa}$$

弹性-塑性阶段泥化夹层竖向应变值为 18%，则变形模量为

$$E_0 = \sigma / \varepsilon = 0.23 / 0.18 = 1.3\text{MPa}$$

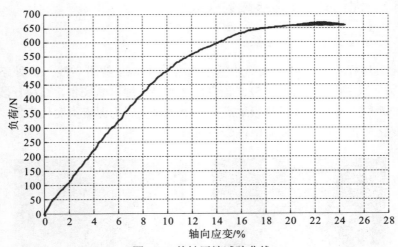

图 3-6  单轴压缩试验曲线

散斑测量系统中，相机拍摄速度设定为 4fps，相机角度为 27.2°，测量距离为 90cm。为计算泥化夹层横向应变，选取三维空间中泥化夹层样品中心位置 29 个点，然后分别记录每一个点 $x$ 方向的应变量，并取其平均值，具体数据如表 3-2 所示。泥化夹层竖向应变值为 10%，横向应变值为 2.5%，故其泊松比为

$$\mu = \varepsilon_x / \varepsilon_z = 0.25$$

表 3-2　弹性阶段泥化夹层径向应变

| 编号 | 1 | 2 | 3 | 4 | 5 | 6 | 7 | 8 | 9 | 10 |
|---|---|---|---|---|---|---|---|---|---|---|
| 应变/% | 5.289 | 5.821 | 5.023 | 3.273 | 1.587 | 0.054 | 0.05 | 0.211 | 0.194 | 0.573 |
| 编号 | 11 | 12 | 13 | 14 | 15 | 16 | 17 | 18 | 19 | 20 |
| 应变/% | 0.797 | 1.353 | 0.957 | 1.677 | 4.492 | 2.878 | 2.528 | 2.562 | 19.58 | 0.571 |
| 编号 | 21 | 22 | 23 | 24 | 25 | 26 | 27 | 28 | 29 | 平均值 |
| 应变/% | 0.91 | 1.313 | 1.437 | 1.289 | 2.076 | 1.48 | 1.236 | 0.916 | 0.887 | 2.5 |

通过以上实验获取了天然状态下泥化夹层的变形模量及泊松比，则泥化夹层的压缩模量为

$$E_s = \frac{1-\mu}{1-\mu-2\mu^2} \times E_0 = \frac{1-0.25}{1-0.25-2\times0.25^2} \times 1.3 = 1.56 \text{MPa}$$

考虑到泥化夹层的成因及在实际工程中的作用，取最小值进行分析。故泥化夹层的弹性模量为

$$E = 2E_s = 2\times1.56 = 3.12 \text{MPa}$$

### 3. 红层泥岩泥化夹层基质体有效弹性模量和泊松比

利用第二章所建立的泥化夹层细观组构参数量化方法可知红层泥化夹层孔隙所占的比例为 22.95%，结合本章所建立的泥化夹层有效弹性模量和泊松比计算方法可知，泥化夹层基质体固有弹性模量为

$$E_1 = \frac{E - E_2 C_2}{C_1} = \frac{3.12 - 0 \times 22.95\%}{1 - 22.95\%} = 4.05 \text{MPa}$$

泥化夹层基质体固有泊松比为

$$\mu_0 = \frac{\mu - \mu_1 C_1}{C_0} = \frac{0.25 - 0 \times 22.95\%}{1 - 22.95\%} = 0.32$$

由体积模量和剪切模量与固有弹性模量的关系式可知基质体固有体积模量为

$$K_0 = \frac{E_1}{3 \times (1 - 2\mu_0)} = \frac{4.05}{3 \times (1 - 2 \times 0.32)} = 3.75 \text{MPa}$$

基质体固有剪切模量为

$$G_0 = \frac{E_1}{2 \times (1 + \mu_0)} = \frac{4.05}{2 \times (1 + 0.32)} = 1.53 \text{MPa}$$

则在孔隙的影响下，泥化夹层基质体的有效弹性模量为

$$E' = \frac{9K'G'}{3K' + G'} = \frac{9 \times 2.03 \times 0.98}{3 \times 2.03 + 0.98} = 3.55 \text{MPa}$$

### 3.5.2　红层泥化夹层破坏准则的选取

本节利用三维数字散斑仪得到单轴压缩下泥化夹层动态破坏过程，并研究泥化夹层在外力作用条件下的破坏应变，从而确定红层泥化夹层的破坏准则。图 3-7为泥化夹层渐进破坏过程，在加载后期外力基本上趋于常数，而应变值持续增加，表明泥化夹层已经失去了抵抗外力的能力，即该阶段为泥化夹层的破坏阶段。

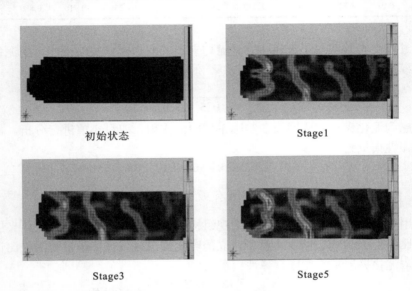

初始状态　　　　　　　　　　　　　　　　Stage1

Stage3　　　　　　　　　　　　　　　　Stage5

图 3-7　泥化夹层压缩过程中变形场变化图

根据破坏阶段泥化夹层特征点的应变值可知，可由最大应变截面分析其总体的平均应变值来确定泥化夹层的极限贯通应变。图 3-8 为破坏阶段泥化夹层截面应变变化图，选取垂直于 $Z$ 方向的 Section 1，平行于 $Z$ 方向的 Section 5 与斜交于 $Z$ 方向的 Section 3 进行对比分析。可以看出，没有发生破坏的 Section 5 应变值始终处于较低的水平，最大值约为 7%，而发生剪切破坏的 Section 3 的整体应变值都处于一个较高的水平之上，最大值已经达到了 27.5%，根据最优原则，选取 Section 3 作为泥化夹层特征应变带，分析应变带中平均应变的大小。通过对多组试样的统计平均值进行分析可知，泥化夹层破坏时的应变多集中于 15%左右，故可以将 15%作为泥化夹层应变破坏的分界点，从而对泥化夹层进行应变破坏分析。

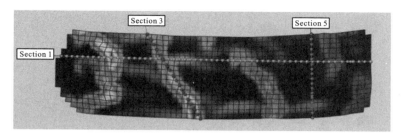

(a) 泥化夹层截面应变

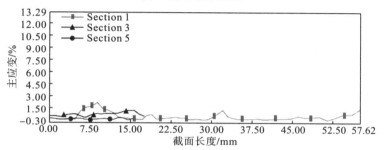

(b) 弹性受力开始阶段应变情况

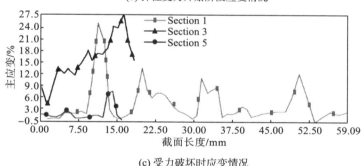

(c) 受力破坏时应变情况

图 3-8　红层泥岩泥化夹层在受压过程中截面应变的变化情况

### 3.5.3　泥化夹层细观力学模型的构建

利用第二章所述方法获取了红层泥化夹层的二值化图像，并利用本章所建立的泥化夹层组构等效简化原则对其进行简化，简化后泥化夹层 100 μm 尺度下的孔隙排布情况如图 3-9 所示。

为便于计算各个子图像的具体数值，在划分过程中采用的是局部坐标系，而在建立整体的泥化夹层细观结构，并采用有限元软件 ANSYS 对泥化夹层进行分析的时候，应采用整体坐标系。因此，以 21 号子图像 $c$ 边与 $b$ 边的交点为整体坐标系的零点，1 号子图像方向为 $x$ 轴方向，25 号子图像为 $y$ 轴方向，将局部坐标系转化为整体坐标系，如图 3-9(b) 所示。

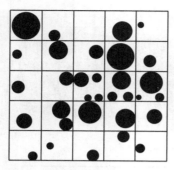
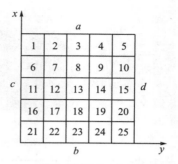

(a) 泥化夹层等效孔隙分布　　　　　　　　(b) 泥化夹层整体坐标系示意

图 3-9　100μm 尺度下泥化夹层组构图像坐标系转化

　　泥化夹层整体模型的建立采用 ANSYS 二维八节点的 plane183 单元，该单元有大应变和位移特性，满足泥化夹层变形需求。在分析泥化夹层强度时，将其简化为弹性体，采用应变破坏准则分析泥化夹层极限强度值。100 μm 尺度下泥化夹层建立的数值模型如图 3-10(a) 所示。

　　模型计算精度的大小与网格的划分密切相关，在 ANSYS 中，网格的划分分为两种情况。泥化夹层数值孔隙的排布是根据实际状态下泥化夹层孔隙的排布简化而来，可以理解为在很大程度上孔隙是随机产生的，而随机性较大的孔隙排布并没有特定的规则而言。因此，在划分网格时模型采用自由网格进行划分，并将网格尺寸设置为 size1 以提高计算精度，泥化夹层模型的网格划分如图 3-10(b) 所示。

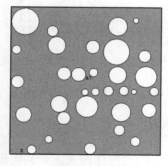
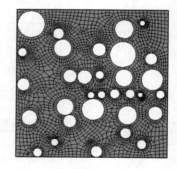

(a) 泥化夹层模型　　　　　　　　　　　　(b) 自由网格划分

图 3-10　100 μm 尺度的泥化夹层数值模型

### 3.5.4　泥化夹层峰值压缩强度

　　为模拟单轴压缩下泥化夹层的强度特性，结合第二章中单轴压缩的荷载速度，在模型 $y=100$ 的所有节点上施加一个值为 0.18 μm/s 的竖直向下的速度荷载，作用时间为 100s，以 10s 为间隔提取泥化夹层等效应变图，并获取特征应变带上 10

个点的平均应变值以及模型总体有效应力。

特征应变带应遵循以下两个条件:其一,该应变带上的米塞斯等效应变为应变连续带;其二,该应变带的延伸贯通于泥化夹层数值模型。在数值模型中,泥化夹层受载节点共83个,故将各个加载阶段泥化夹层的总体支反力、有效应力及特征应变带应变值列于表3-3中。

表3-3 不同加载阶段泥化夹层应变与有效应力关系表

| 加载阶段 | 平均应变 /% | 支反力 /MPa | 有效应力 /MPa | 加载阶段 | 平均应变 /% | 支反力 / MPa | 有效应力 /MPa |
|---|---|---|---|---|---|---|---|
| 10s | 2.779 | 3.18 | 0.038313 | 60s | 15.288 | 19.06 | 0.229639 |
| 20s | 7.34 | 6.3526 | 0.076537 | 65s | 16.952 | 20.65 | 0.248795 |
| 30s | 9.97 | 9.53 | 0.114819 | 70s | 17.607 | 22.23 | 0.267831 |
| 40s | 10.898 | 12.71 | 0.153133 | 80s | 19.853 | 25.41 | 0.306145 |
| 50s | 12.659 | 15.89 | 0.191446 | 90s | 22.428 | 28.59 | 0.344458 |
| 55s | 13.716 | 17.47 | 0.210482 | 100s | 24.56 | 31.76 | 0.382651 |

图3-11为泥化夹层有效应力与应变的关系,由于孔隙的存在,泥化夹层的弹性模量有一定程度的折减,折减比例为57.8%。当孔隙率为22.95%时,拟合得出如下线性关系式:

$$\sigma = 1.5\varepsilon$$

其中,$\sigma$为泥化夹层基质体有效应力;$\varepsilon$为特征应变带应变平均值。

由上式可知,在已知一定的特征应变值的情况下,可求得泥化夹层基质体的有效应力。当泥化夹层特征应变值为15%时,泥化夹层基质体的极限强度为

$$\sigma = 1.5 \times 0.15 = 0.225\text{MPa}$$

由前文可知,泥化夹层样品的细观孔隙率为22.95%,则极限应力值为

$$\sigma_{\max} = -0.45 \times 0.2295 + 0.3112 = 0.208\text{MPa}$$

试验测得泥化夹层破坏时的极限应力值为0.23MPa,与数值模拟所获得结果的误差均小于10%,由此证明该模型参数的选取符合真实情况。

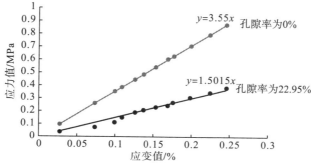

图3-11 单轴压缩下泥化夹层有效应力与应变关系

### 3.5.5　泥化夹层峰值剪切强度

对泥化夹层细观模型进行剪切试验，分别记录其在 0.05MPa、0.1MPa、0.15MPa、0.2MPa、0.25MPa 的竖向压应力作用下的有效应力，不同压应力作用下泥化夹层剪切应变与剪切应力的关系如图 3-12 所示。

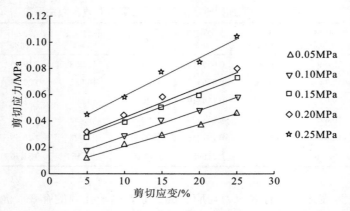

图 3-12　不同压应力下泥化夹层剪应力-应变关系

取应变值为 15%时的应力作为泥化夹层的峰值应力，通过线性拟合，可得泥化夹层峰值强度与竖向压应力之间的定量关系式为

$$\tau = 0.2284P + 16.847$$

且有

$$\varphi = \arctan 0.2284 = 12.86°$$

因此可知，泥化夹层峰值黏聚力为 16.847kPa，内摩擦角为 12.86°，符合真实情况，证明了该模型的合理性。

## 3.6　本　章　小　结

本章结合数字图像处理、数学统计、数值仿真、室内试验等方法，建立了基于有限元的泥化夹层组构简化细观力学模型构建方法，形成泥化夹层宏细观参数的转换及分析方法，从细观层次上分析泥化夹层的峰值强度及影响因素，主要结论如下：

（1）基于图像处理与扫描电镜成像技术，建立了一套以"组构参数相似聚类→组构融合重构→组构等效简化"为思路的泥化夹层细观结构模型构建方法。建立了适用于泥化夹层的相似度计算模型，实现了泥化夹层不同组构参数间的相似度量化；结合分层重构技术、孔隙率择近原则，实现了泥化夹层组构融合重构；基于泥化夹层孔隙的形状、大小及分布特点，建立了泥化夹层细观组构简化方法，为泥化夹层细观力学模型的构建奠定了基础。

（2）结合单轴压缩、三维散斑试验及 M-T 方法，形成了泥化夹层有效弹性模量及泊松比的确定方法。泥化夹层内部细微孔隙对黏土基质体的性质有一定弱化作用，其弱化作用的大小与孔隙的比例呈线性正相关。

（3）通过单轴压缩及三维散斑试验定义了以应变破坏准则为基础的泥化夹层峰值强度研究方法。通过对泥化夹层数值模型进行剪切试验，获取了泥化夹层破坏时的黏聚力和内摩擦角，并与实际所测参数进行对比，证明了该模型的正确性。

# 第四章　基于离散元的泥化夹层细观力学模型

工程实际中泥化夹层厚度较薄时，难以通过室内常规直剪试验和三轴压缩试验来获取其强度指标。本章节从泥化夹层细观结构出发，将泥化夹层简化为由颗粒和孔隙组成的集合体，结合单轴压缩试验和数字散斑变形测量技术，建立了泥化夹层细观力学参数标定方法，提出了基于离散元的泥化夹层细观力学模型构建方法，研究了泥化夹层应变软化本构特征，并对其强度进行预测。

## 4.1　基于结构简化的泥化夹层颗粒流初始模型

离散元法是散粒状材料研究方面运用最为广泛的数值模拟方法，其中颗粒流程序(Particle Flow Code)是由美国 Itasca 公司开发的一款从属离散元范畴的分析计算软件。对于颗粒流模拟岩土体材料，主要问题在于细观结构参数以及细观力学参数的准确提取。因此，可借助数字散斑成像技术全程记录泥化夹层在压缩过程中的变形情况，并将获得的变形场与 PFC2D 中模型的变形场进行对比，最终确定泥化夹层的细观力学参数。

### 4.1.1　基于颗粒流的泥化夹层本构模型

根据颗粒流基本理论，本章在泥化夹层颗粒流数值模拟过程中主要作了以下假定：

(1)假定泥化夹层细观颗粒本身不发生变形和破坏，泥化夹层压缩过程中的压缩变形只是颗粒间孔隙的变化，随着压应力增大泥化夹层的破坏是由于颗粒间连接的破坏引起的。

(2)假定泥化夹层宏观弹性模量($E$)与颗粒几何特性无关，只由颗粒接触连接刚度决定。

(3)假定泥化夹层宏观峰值强度和残余强度值主要与颗粒间连接的法向、切向强度以及颗粒间的内摩擦角有关。

(4)假定泥化夹层含水率的改变只是引起颗粒本身以及颗粒与颗粒之间连接的力学参数变化，而不会引起其细观结构参数的改变。

颗粒流程序中常用的接触本构模型主要有接触刚度模型、滑动模型、黏结模型等，其中黏结模型可分为接触黏结模型和平行黏结模型。不同的模型对应不同的细观参数，在确定模型控制细观参数之前需要首先确定模拟过程中选用的本构模型。研究表明，泥化夹层是由蒙脱石、伊利石、绿泥石等黏土矿物以及石英、长石等硬质颗粒组成，无论从细观结构还是从物质组成成分上来看，它都和黏性土有一定的相似性。由于黏土矿物的存在，泥化夹层内部细小颗粒之间存在一定的黏结力，因此采用接触黏结模型能够较好地模拟泥化夹层的宏观力学特性。

### 4.1.2　颗粒集合的生成

由第二章泥化夹层细观结构研究可知，泥化夹层在细观上来看并不是由一个个颗粒组成的集合体，而是在层面方向成片状，垂直于层面方向成近似条状分布的各向异性组合体。但是从微观层次上来讲，它也是由无数多极细小的颗粒黏结而成，但是在建立其数值仿真模型时不能做到在指定空间范围内生成如此多的颗粒，并且过多的颗粒对于研究其力学行为也无实际意义。因此在进行数值试验时，可人为地将其半径放大，以保证数值仿真试验的可行性。同时，泥化夹层的二维平面孔隙率对试验结果的准确性影响较大，在生成颗粒集时需按实际平面的孔隙率进行。

颗粒流程序中，在给定试样尺寸范围($W \times h$)生成指定孔隙率($n$)及半径变化范围($R_{min}, R_{max}$)的试样可以采用半径扩大法进行。首先，试样的孔隙率为孔隙的体积与试样总体积之比，即

$$n = \frac{V_p}{V_a} = \frac{V_a - V_b}{V_a} = 1 - \frac{V_b}{V_a} \tag{4-1}$$

其中，$V_a$为试样总体积；$V_p$为孔隙体积；$V_b$为颗粒体积。

PFC2D考虑的是二维问题，其体积的计算只需用其面积乘以颗粒的厚度$d$即可，且认为所有颗粒厚度是相同的，可按照给定的最大和最小半径的平均值计算需要生成的颗粒数目：

$$\overline{R} = \frac{R_{min} + R_{max}}{2} \tag{4-2}$$

$$N = \frac{V_a(1-n)}{\pi \overline{R}^2} \tag{4-3}$$

此时，如果直接按照指定的最大最小半径生成颗粒集合容易出现随机生成的新的颗粒与已生成颗粒位置发生重叠的情况，这种情况下最终生成的颗粒数会小于需要的数量，造成最后颗粒集合达不到指定的孔隙率。为防止该情况的发生，可以考虑先虚设一个半径放大倍数$m_0$(一般$m_0$可取1.5左右的数值)，按照最大最小半径的$1/m_0$先生成试样，如此可以顺利生成指定数目的颗粒，即

$$R_{min0} = R_{min} / m_0, \quad R_{max0} = R_{max} / m_0 \tag{4-4}$$

设初始试样的孔隙率为$n_0$，然后根据以下关系式可以得出真实的半径放大倍

数 $m$ 的大小：

$$N\sum(\pi R_0^2 d) = (1-n_0)Ad \tag{4-5}$$

$$N\sum(\pi R^2 d) = (1-n)Ad \tag{4-6}$$

其中，$d$ 为颗粒厚度；$A$ 为试样总面积。由式(4-5)与式(4-6)的比值可得

$$\frac{R^2}{R_0^2} = \frac{1-n}{1-n_0} \tag{4-7}$$

$$m = \sqrt{\frac{1-n}{1-n_0}} \tag{4-8}$$

### 4.1.3　初始参数的选取

PFC 模拟过程中的颗粒集荷载和约束主要通过墙体来实现，墙体刚度直接决定着模拟结果的精确性，同时决定了模拟能否真实反映材料的力学行为。如选取的墙体刚度值过大，会导致颗粒间初始接触力过大，而增加模型达到初始平衡时所需的时间；墙体刚度值过小，则会在模拟过程中出现颗粒穿过墙体、四处流散的情况。为减小在模拟过程中由墙体引起的边界效应，可设定墙体对颗粒为柔性约束，在对大量的数值模拟试验结果进行统计后，得出墙体刚度值的合理选择范围为：围压墙体或施加约束墙体的刚度值为颗粒刚度值的 1/10，加载墙体的刚度值为颗粒刚度值的 10 倍。

试验所用泥化夹层初始模型参数见表 4-1。

表 4-1　泥化夹层初始模型参数表

| 试样尺寸/mm | 最小粒径 $R_{min}$ /mm | $\dfrac{R_{max}}{R_{min}}$ | 孔隙比 $n$ | 颗粒密度 /(kg/m³) | 摩擦系数 | 接触模量 $E_c$/MPa | 颗粒刚度比 $(k_n / k_s)$ | 法向连接强度 $N_B$/Pa | 切向连接强度 $S_B$/Pa |
|---|---|---|---|---|---|---|---|---|---|
| 61.8×20 | 0.3 | 1.5 | 0.18 | 1000 | 0.2 | $5\times10^6$ | 1 | $1.5\times10^3$ | $1.5\times10^3$ |

### 4.1.4　伺服机制及试样固结

PFC 中，一般通过伺服控制机制来控制墙体的应力值，墙体应力值 $\sigma_w$ 可以表示为

$$\sigma_w = \frac{\sum_{N_c} F_w}{ld} \tag{4-9}$$

式中，$F_w$ 为单个颗粒单元施加于墙体的力；$d$ 为模型的厚度；$l$ 为墙体的长度；$N_c$ 为与墙体接触的颗粒数目。

墙体移动的速度必须满足：

$$\dot{u}_w = G(\sigma_w - \sigma_t) = G\Delta\sigma \tag{4-10}$$

式中，$\sigma_t$ 为目标应力；$\sigma_w$ 为当前应力；$G$ 为剪切模量。

　　墙体一个时间步 $\Delta t$ 内，由运动引起的力最大增量为

$$\Delta F_w = k_n \dot{u}_w \Delta t \tag{4-11}$$

式中，$k_n$ 为与墙体接触的所有接触刚度之和。

　　因此，墙体的平均应力增量为

$$\Delta \sigma_w = \frac{k_n \dot{u}_w \Delta t}{ld} \tag{4-12}$$

　　墙体应力变化绝对值应小于目标值与监测值之差，为保证加载过程的稳定，引入松弛系数 $\alpha (0 \sim 1$，一般为 0.5$)$ 满足：$|\Delta \sigma_w| < \alpha |\Delta \sigma|$。

$$\frac{k_n \Delta t G |\Delta \sigma|}{ld} < \alpha |\Delta \sigma| \tag{4-13}$$

$$G \leqslant \frac{\alpha ld}{k_n \Delta t} \tag{4-14}$$

### 4.1.5　泥化夹层细观参数敏感性分析

　　图 4-1 为孔隙率、颗粒摩擦系数、颗粒刚度、刚度比、黏结强度对宏观应力应变关系的影响。在一定程度上，随着孔隙率的增加，初始弹性模量和峰值强度减小；颗粒摩擦系数对颗粒集合的应力应变关系曲线有较大影响；颗粒刚度直接影响初始弹性模量，且颗粒刚度越大，初始弹性模量越大；在刚度比较大（>1）的情况下，随着刚度比的增大，初始弹性模量增加；在刚度比较小（<1）的情况下，刚度比受初始弹性模量影响不大；随着黏结强度的增加，峰值强度几乎呈线性增长。

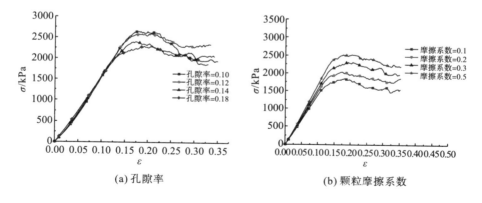

(a) 孔隙率　　　　　　　　　　　　　(b) 颗粒摩擦系数

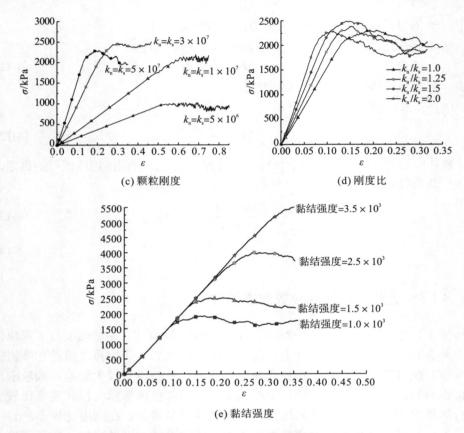

(c) 颗粒刚度　　　　　　　　　　　　　　　(d) 刚度比

(e) 黏结强度

图 4-1　单轴压缩下各细观参数对应力应变曲线的影响

## 4.2　基于散斑仪的泥化夹层细观力学参数标定试验

颗粒细观参数和颗粒之间接触方式的选取将直接影响数值模拟最终结果的准确性，然而这些细观参数无法直接通过常规土工试验得到的，常需要借助室内宏观力学试验结果对细观参数进行反分析。考虑到泥化夹层几何尺寸的限制，本书避开了常规的直剪试验来进行细观参数标定，而是通过单轴压缩试验和三维数字散斑仪来进行。

### 4.2.1　泥化夹层破坏准则

目前，材料的破坏准则主要是应变破坏准则和应力破坏准则两种。对于理想弹塑性材料，在应力空间中理想塑性屈服面在材料变形过程中始终保持不变；而在应变空间中，后继屈服面与初始屈服面大小相同，但其中心位置随着塑性变形增大而发生移动,所以传统基于应力空间的各种准则无法有效判断材料破坏与否。汪闻韶(2005)指出,通过容许变形量来定义材料的破坏是比较直观的,同时也是合理的,岩土材料的应变破坏准则可由下式表示:

$$\max\gamma \leqslant f_{\gamma} \tag{4-15}$$

其中,$f_{\gamma}$ 为材料破坏时的极限应变容许值;$\gamma$ 为应变值。

岩土体材料的极限应变容许值是可以通过实验确定的,在进行泥化夹层的单轴压缩试验后,可将极限应变对应的应力值作为其单轴抗压强度。

无侧限抗压强度试验如同三轴压缩试验中侧向压力 $\sigma_3=0$ 时的特殊情况。试验时,将圆柱样置于无侧限压缩仪中,仅对其施加轴向压力 $\sigma_1$,$\sigma_3$ 为侧向围压。根据土的极限平衡理论,土的极限平衡条件为

$$\sigma_1 = \sigma_3 \mathrm{tg}^2\left(45^\circ + \frac{\varphi}{2}\right) + 2c\left(45^\circ + \frac{\varphi}{2}\right) \tag{4-16}$$

$$\sigma_3 = \sigma_1 \mathrm{tg}^2\left(45^\circ - \frac{\varphi}{2}\right) - 2c\left(45^\circ - \frac{\varphi}{2}\right) \tag{4-17}$$

式中,$c$ 为黏聚力;$\sigma_1$ 为轴向压力;$\sigma_3$ 为侧向压力;$\varphi$ 为内摩擦角。

无侧限抗压强度 $q_u$ 相当于三轴压缩试验中试样在 $\sigma_3=0$ 条件下破坏时的大主应力 $\sigma_{1f}$,故可得

$$q_u = 2c \cdot \tan\left(45^\circ + \frac{\varphi}{2}\right) \tag{4-18}$$

无侧限抗压强度试验结果只能作出一个极限应力圆($\sigma_{1f}=q_u$,$\sigma_3=0$),一般黏性土难以作出破坏包线,但试验中若能量测得试样的破裂角 $\alpha_f$,则理论上可根据下式推算出试样的内摩擦角,从而也能根据式(4-18)进一步推算出黏聚力的大小。

$$\alpha_f = 45^\circ + \frac{\varphi}{2} \Rightarrow \varphi = 2(\alpha_f - 45^\circ) \tag{4-19}$$

$$c = \frac{q_u}{2\tan\alpha_f} \tag{4-20}$$

### 4.2.2　泥化夹层室内单轴压缩试验

利用第三章 3.5.1 节中的三维数字散斑仪对单轴压缩下的泥化夹层实施全过程实时监控,利用三轴试验仪的液压加载系统进行竖向加载,加载模式采用位移控制式加载,加载速率为 5mm/min。

由图 4-2 可知,泥化夹层在竖向应力作用下的应变变化大致分为两个阶段:在第一阶段,轴向应变随荷载增大近似线性增加,为弹性变形阶段,该阶段曲线的斜率取决于泥化夹层的抗压模量;在第二阶段,轴向应变超过 10%左右时,荷

载基本不再增加或增加幅度大大降低，而应变持续增加，可认为泥化夹层发生破坏。因此，以泥化夹层破坏时的轴向极限应变为 10%，此时对应的竖向应力为其所能承受的最大竖向应力 $\sigma_{1f}$，三组平行泥化夹层试样在应变为 16%时的应力值如表 4-2 所示。

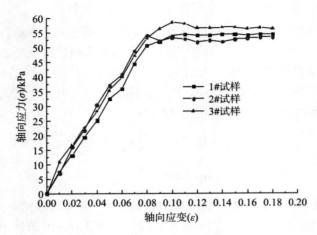

图 4-2　泥化夹层试样轴向荷载-轴向应变关系图

**表 4-2　峰值应力表**

| 轴向应力 | 1# | 2# | 3# |
|---|---|---|---|
| $\sigma_{1f}$ /kPa | 54.20 | 53.24 | 56.82 |

位移控制式液压加载系统的加载速度在 5mm/min，试样高度 20mm，因此加载时间只有 1~2min，根据需要设定监测频率为 5 次/s。经网格剖分及单元计算分析后可得泥化夹层在单向受压情况下其主应变的演化趋势。

随着轴向应力的增加，泥化夹层局部开始出现变形，然而各个局部变形并不均匀，从其自身结构组成分析，这种变形分布不均匀的现象应该是其内部结构的各向异性造成的。随着荷载进一步增加，局部开始出现塑性区，并逐渐沿纵向扩展直至贯通整个试样，此时认定泥化夹层发生破坏，该破坏面与水平面形成的夹角如图 4-3 所示。根据式 (4-19) 和式 (4-20)，可求得泥化夹层的内摩擦角和黏聚力的大小：

$$\alpha_f = \frac{\alpha_{f1} + \alpha_{f2}}{2} = \frac{56.111 + 54.115}{2} \approx 55°$$

$$\varphi = 2\left(\alpha_f - 45°\right) = 20°$$

$$c = \frac{q_u}{2\tan\alpha_f} = \frac{54.75}{2\tan 55°} = 19.17\text{kPa}$$

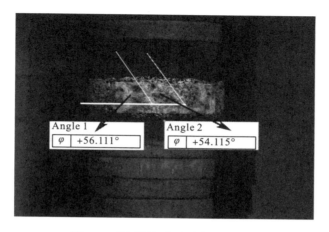

图 4-3　破坏面与水平面夹角示意图

## 4.3　泥化夹层细观力学参数标定

　　为了建立能够真实反映泥化夹层细观结构特点和力学行为特征的颗粒流数值模型，需要准确确定模型中的各项细观参数。在本节中，结合单轴压缩室内试验和数值仿真试验对宏细观参数进行敏感性分析，标定了泥化夹层的细观力学参数，对于参数敏感性分析的结果大致可以归纳成如表 4-3 所示。

表 4-3　参数敏感性分析表

| 参数 | 弹性模量 $E$ | 剪切模量 $G$ | 黏聚力 $c$ | 内摩擦角 $\varphi$ | 峰值强度 | 残余强度 |
|---|---|---|---|---|---|---|
| 孔隙比($k$) | + | + | ++ | ++ | ++ | ++ |
| 颗粒刚度($k_n, k_s$) | ++ | + | + | + | + | + |
| 刚度比($k_n/k_s$) | ++ | + | + | + | + | + |
| 颗粒摩擦系数 | # | # | ++ | ++ | ++ | +++ |
| 接触法向黏结强度($N_B$) | # | + | +++ | +++ | +++ | + |
| 接触切向黏结强度($S_B$) | # | + | +++ | +++ | +++ | + |
| 竖向应力($P$) | # | + | ++ | ++ | ++ | ++ |
| 加载速率($V$) | # | # | + | + | + | + |

注：表中"+"表示有一定影响；"++"表示有较大影响；"+++"表示有重要影响；"#"表示影响很小或无影响，可以忽略。

　　由于建模需要，颗粒粒径采用半径放大后的圆形颗粒来近似模拟，孔隙率则是根据第二章中泥化夹层 SEM 细观扫描及结构量化试验获得。墙体刚度值是由颗粒刚度值确定，加载墙体刚度为颗粒刚度的 10 倍，伺服墙体刚度为颗粒刚度的

1/10(模拟柔性边界)。泥化夹层颗粒流模型中,待确定的模型参数主要包括颗粒刚度、颗粒间滑动摩擦系数、接触法向和切向黏结强度以及加载速率等。

### 4.3.1　颗粒刚度的确定

基于上述表 4-3,在孔隙率确定的情况下,试样的弹性变形阶段弹性模量主要取决于颗粒的法向和切向刚度以及它们的比值,因此可根据室内单轴压缩试验的结果标定获得颗粒刚度。

根据泥化夹层室内压缩试验结果,计算其初始弹性模量,如表 4-4 所示。

表 4-4　单轴试验结果数据表

|  | 1# | 2# | 3# |
|---|---|---|---|
| 应变/% | 10 | 10 | 10 |
| 应力/kPa | 53.82 | 53.18 | 58.52 |
| 近似弹性模量/kPa | 538.2 | 531.8 | 585.2 |

求取初始弹性变形阶段的弹性模量近似平均值:

$$\overline{E} = \frac{E_1 + E_2 + E_3}{3} = 551.7 \text{kPa}$$

为简化标定过程,暂取颗粒刚度比为 $k_n/k_s=1$,固定其他细观参数不变,对于不同颗粒刚度条件下的数值单轴压缩试验,试样的弹性模量随颗粒刚度变化的曲线图如图 4-4 所示,初始弹性模量与颗粒刚度之间呈近似的线性关系,并可通过线性拟合得到

$$E = 7 \times 10^{-6} k_b + 59.56$$

其中,$E$ 代表弹性模量,kPa;$k_b$ 代表颗粒刚度,Pa。

通过上式中的 $k_b$,可求得颗粒刚度 $k_n=k_s=7.03 \times 10^7$。

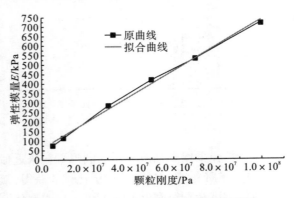

图 4-4　弹性模量与颗粒刚度关系曲线图

### 4.3.2　颗粒间摩擦系数及接触黏结强度的确定

通过参数敏感性分析结果发现，颗粒摩擦系数以及接触黏结强度($N_B$ 和 $S_B$)对试样剪切过程中的峰值强度和残余强度都有着不同程度的影响，并且这种影响难以量化，也很难通过某种形式的关系式来表述它们的定量关系。因此，对于颗粒摩擦系数和黏结强度的标定只能利用宏细观参量间的动态变化关系对模型进行参数试算和反复调整，直至调试结果与室内试验得到的真实值相符时，就把此时的颗粒间滑动摩擦系数和黏结强度作为标定的最终结果。

### 4.3.3　加载速率的确定

数值剪切试验中加载速率的确定不能和实际直剪试验的剪切速率完全一致，慢剪试验剪切速率应该控制在 0.02mm/min 以内，当剪切力出现峰值时继续剪切至 4mm 时停止，当剪切力未出现峰值时，需要剪切至 6mm 时停止。快剪试验剪切速率控制在 0.8mm/min，并要使试样在 3～5min 破坏。根据调试结果，当模型中速率 $V=0.05$m/s 时，计算效率较高，计算结果也能更好与试验结果相吻合。

## 4.4　工　程　实　例

### 4.4.1　泥化夹层颗粒流数值模型的建立

泥化夹层内部含有一定数量的黏土矿物，若把泥化夹层看作是若干细小圆形颗粒组成的集合，那么这些颗粒之间存在黏结力和摩擦作用，颗粒流程序中内置的黏结模型和滑动模型正好可以模拟这两种作用。为了模拟剪切盒的形状，直剪试验过程中总共需要定义 8 道墙体，本章参照单轴试验的初始模型参数生成泥化夹层数值试样，如图 4-5 所示。

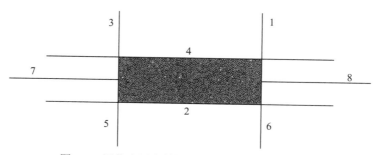

图 4-5　泥化夹层直剪模型示意图(数字表示墙体)

　　首先，在墙体 2 和墙体 4 上需按实际情况施加竖向压力作用，这是通过 Fish 语言编写的伺服加载程序来实现的，PFC 中不能直接施加应力边界，而是通过控制墙体移动的速度和方向来进行加载。循环过程中对作用在墙体 2 和墙体 4 上的力进行监测，当竖向应力满足精度要求时，则墙体不移动，当监测到其应力小于或超过设定的应力值时，则墙体向着相应的方向移动，直到墙体上的应力达到要求的水平为止。

　　剪切过程的进行是通过固定墙体 5 和墙体 6，同时对墙体 1 和墙体 3 施加一定的速度边界来进行的。剪切过程中，为全程记录剪应力-应变关系，通过作用在墙体 1 和墙体 3 上所有法向上的力之和再除以剪切面积来获得剪切应力，剪切应变则只需记录墙体 1 和墙体 6 在法向上的位移差再除以模型总长即可。

### 4.4.2　泥化夹层数值模型验证

　　经过细观参数标定过程中的反复验算和调整，最终确定出的模型参数如表 4-5 所示。试验结果如图 4-6 所示，由图可知泥化夹层峰值强度和残余强度均随竖向应力的增加而增大，且对应的变形也相应地增加，残余强度与峰值强度之比为 50%～70%。

表 4-5　模型参数取值表

| 竖向应力 /kPa | 试样尺寸 /mm | $R_{min}$/mm | $R_{max}/R_{min}$ | 摩擦系数 | 颗粒刚度 | 刚度比 | 接触法向强度 | 接触切向强度 |
|---|---|---|---|---|---|---|---|---|
| 50 | 61.8×20 | 0.3 | 1.5 | 0.10 | $7×10^7$ | 1 | $1×10^3$ | $0.7×10^2$ |
| 100 | 61.8×20 | 0.3 | 1.5 | 0.13 | $7×10^7$ | 1 | $1×10^3$ | $0.7×10^2$ |
| 150 | 61.8×20 | 0.3 | 1.5 | 0.24 | $7×10^7$ | 1 | $1×10^3$ | $0.7×10^2$ |
| 200 | 61.8×20 | 0.3 | 1.5 | 0.32 | $7×10^7$ | 1 | $1×10^3$ | $0.7×10^2$ |
| 250 | 61.8×20 | 0.3 | 1.5 | 0.40 | $7×10^7$ | 1 | $1×10^3$ | $0.7×10^2$ |
| 300 | 61.8×20 | 0.3 | 1.5 | 0.50 | $7×10^7$ | 1 | $1×10^3$ | $0.7×10^2$ |

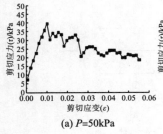

(a) $P$=50kPa

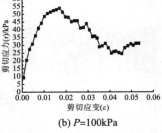

(b) $P$=100kPa

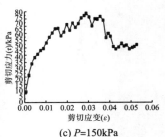

(c) $P$=150kPa

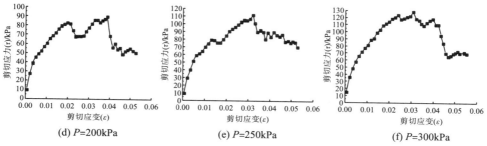

图 4-6　不同竖向应力在条件下数值剪切试验结果

如图 4-7 所示，统计分析峰值强度 $\tau_p$ 和残余强度 $\tau_r$ 与竖向应力之间的关系，通过线性拟合可得峰残强度值与竖向应力间的定量关系表达式：

$$\tau_p = 0.3514P + 22.333$$

$$\tau_r = 0.2606P + 2.7333$$

进而可得

$$\varphi_p = \arctan 0.3514 = 19.36°$$

$$\varphi_r = \arctan 0.2606 = 14.61°$$

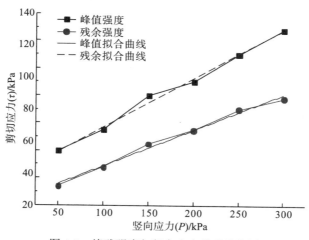

图 4-7　峰残强度与竖向应力关系曲线图

峰值黏聚力 $c_p = 22.33\,\text{kPa}$，残余黏聚力 $c_r = 2.733\,\text{kPa}$。根据单轴压缩及变形监测试验推算出的内摩擦角 $\varphi = 20°$，黏聚力 $c = 19.17\text{kPa}$，这与数值剪切试验得出的峰值内摩擦角和黏聚力的相似度分别达到了 96.8% 和 90%，证明了本模型的合理性。

## 4.4.3　泥化夹层峰残强度特征值评价

胡启军(2008)、郑立宁(2012)分类统计了常见的泥岩类泥化夹层、碳酸岩类泥化夹层、炭质页岩类泥化夹层的峰残强度特征值。本章试验过程中现场原状样母岩属红层泥岩，现将本章研究得到的泥化夹层应变软化强度特征值与其进行对比，如表 4-6 所示。

表 4-6    泥化夹层峰残强度对比分析表

| 峰残强度指标统计值 | 统计值 | 数值试验预测值 |
|---|---|---|
| 峰值摩擦角 $\varphi_p$ | 11～21 | 19.36 |
| 残余摩擦角 $\varphi_r$ | 8～15 | 14.61 |
| $\dfrac{\varphi_p}{\varphi_r}$ /% | 87 | 75.5 |
| 峰值黏聚力 $c_p$ | 14～22 | 22.33 |
| 残余黏聚力 $c_r$ | 0 | 2.733 |
| $\dfrac{c_p}{c_r}$ /% | 0 | 12.24 |

### 4.4.4    应变软化过程中塑性变形机制分析

不同竖向应力条件下泥化夹层峰残强度对应所需的剪切变形不尽相同，Skempton 研究认为在法向应力小于 600kPa 的情况下，剪应力达到稳定值所需的剪切位移为 2～10mm，在法向应力超过 600kPa 的情况下，则需要的剪切位移为 20～40mm。图 4-9 为不同竖向应力泥化夹层数值剪切试验过程中，从初始加载到峰值强度以及由峰值强度衰减至残余强度所需要的剪切应变大小，由图可知泥化夹层达到峰值强度和残余强度所需的变形量与竖向应力呈正相关。

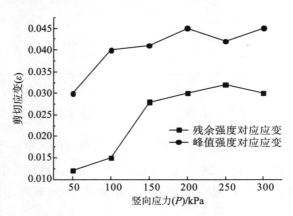

图 4-8    不同竖向应力条件下峰残强度对应的变形值

# 4.5　本　章　小　结

本章从泥化夹层组构特征出发，建立了一套以"数值模拟→单轴压缩→三维监测"为核心的泥化夹层细观力学参数标定方法，构建了基于离散元的泥化夹层细观力学模型，探究了泥化夹层应变软化的细观机制，并通过工程实例进行了验证。主要结论如下：

（1）对泥化夹层原状样进行单轴压缩试验，利用数字散斑成像技术得到了其压缩变形规律；提出了适用于泥化夹层的应变破坏准则，根据压缩过程中塑性区的分布找出了单轴压缩过程中的破裂角；根据土的极限平衡条件，在围压为 0 的情况下，估算得到泥化夹层的内摩擦角和黏聚力。

（2）通过单轴压缩及数值直剪试验参数敏感性得出，影响泥化夹层颗粒流数值模型强度的主要因素是接触强度、颗粒间摩擦系数等，且它们之间存在着"一对多"的关系，而影响数值试样整体刚度的细观参量主要是颗粒的刚度以及孔隙率。

（3）标定获得了泥化夹层颗粒流模型中的主控细观参数，并在所有参数标定完成之后，利用数值剪切试验研究得到了泥化夹层的应变软化特征，实现了基于细观结构特征的泥化夹层宏观峰残强度预测。

# 第五章　泥化夹层宏细观损伤
# 特征量化表征方法

岩土体宏观变形破坏均可认为是微细观结构变形的积累与扩展导致的，研究其细观结构及变形演化规律有利于从本质上对岩土工程出现的众多问题给予科学合理的解释。泥化夹层微细观形貌变化较大，常规方法难以实现定位观测，导致研究结果可能存在较大的区域差异性。常规的扫描电镜等测试手段也只能获取泥化夹层在卸荷后表层的损伤，无法得知泥化夹层在受到外力作用时其内部损伤的动态演化过程。

针对这一系列问题，本章基于图像处理技术，开发了适用于泥化夹层表层宏观裂隙损伤识别量化的自动化处理平台；通过对泥化夹层观测区域进行定位，实现了泥化夹层表层细观损伤特征的原位识别与量化；结合 CT 扫描与图像处理技术，实现了泥化夹层内部细观损伤动态演化过程的识别。

## 5.1　泥化夹层表层宏观裂隙损伤识别量化方法

### 5.1.1　宏观损伤图像处理

泥化夹层的表层宏观损伤主要表现为裂纹，因此可采用具有高像素、高分辨率的单反相机采集泥化夹层表观图像。为准确识别并提取泥化夹层表层的宏观裂隙，需要对原始图像进行一系列处理。

将原始泥化夹层图像导入 Matlab 中，利用灰度化算法将彩色图像转换为 8bit 的黑白灰度图像，每个像素的灰度值为 0～255，得到了原始灰度图像。利用第二章中所提到的灰度变换、直方图修正、中值滤波等算法，完成图像的增强与降噪，图 5-1 为预处理效果图。

有别于第二章中所采用的分水岭分割算法，本章对宏观损伤的研究主要是区分裂隙等损伤区域和非损伤区域。拍照获取的裂隙孔洞等损伤区域与周围有十分明显的明暗区分，反映在灰度图上即有明显的灰度对比度，因此可以采取阈值分割的方法进行图像分割。阈值分割法可表示为

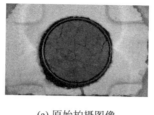

(a) 原始拍摄图像　　　　　　　　　　(b) 泥化夹层区域图像

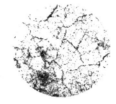

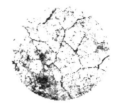

(c) 原始灰度图像　　　　　(d) 指数变换　　　　　(e) 中值滤波

图 5-1　泥化夹层宏观图像预处理

$$G(x, y) = \begin{cases} 1, & F(x, y) > T \\ 0, & F(x, y) < T \end{cases} \tag{5-1}$$

式中，$F(x,y)$ 代表输入图像；$G(x,y)$ 代表输出图像；$T$ 为分割图像所选取的阈值。

　　结合前人所选用的主流处理方法，本章采用由日本学者大津（Nobuyuki Otsu）于 1979 年提出的最大类间方差法，又称大津法（OTSU）进行阈值分割。最大类间方差法是一种使类间方差最大的自动确定阈值的方法，该方法具有简单、处理速度快的特点。OTSU 法通常根据图像的灰度特性，按照背景和目标把整幅图像分成两部分。其基本思想如下：设图像像素数为 $N$，灰度值范围为$[0, L-1]$，对应灰度级 $i$ 的像素数为 $n_i$，每一灰度级出现的概率为：$P_i = n_i / N$，$i = 0,1,2,\cdots,L-1$。显然 $P_i \geq 0$，$\sum_{i=0}^{L-1} P_i = 1$。设灰度 $t$ 为门限将图像分为两类，灰度级在 $0 \sim t$ 为区域 A（背景），灰度级在 $t+1 \sim L-1$ 为区域 B，A、B 出现的概率分别为

$$\begin{cases} P_{\mathrm{A}} = \sum_{i=0}^{t} P_i \\ P_{\mathrm{B}} = \sum_{i=t+1}^{L-1} P_i = 1 - P_{\mathrm{A}} \end{cases} \tag{5-2}$$

　　A、B 两类的灰度均值分别为

$$\begin{cases} w_{\mathrm{A}} = \sum_{i=0}^{t} i P_i / P_{\mathrm{A}} \\ w_{\mathrm{B}} = \sum_{i=t+1}^{L-1} i P_i / P_{\mathrm{B}} \end{cases} \tag{5-3}$$

图像总灰度均值为

$$w_0 = P_A w_A + P_B w_B = \sum_{i=0}^{L-1} i P_i \tag{5-4}$$

由此得到 A、B 两区域的类间方差：

$$\sigma^2 = P_A(w_A - w_0)^2 + P_B(w_B - w_0)^2 \tag{5-5}$$

显然 $P_A$、$P_B$、$w_A$、$w_B$、$w_0$、$\sigma^2$ 都是关于灰度级 $t$ 的函数。为了得到最优分割阈值，OTSU 认为使得 $\sigma^2$ 值最大的 $t$ 值即为最优阈值。从 OTSU 法的计算过程可知，当两类区域点数比较接近时，OTSU 方法得到的阈值最为理想。然而，由于泥化夹层经历不同干湿循环次数产生的裂隙也不尽相同，每张裂隙图像的裂隙占比也不同，用该方法得到的结果显然会使裂隙识别产生误差。本章在考虑裂隙图像处理便捷性与效果的基础上，采用自定义阈值法进行图像分割。即先用 OTSU 法计算得到一个阈值，再结合其直方图信息，根据分割效果调整阈值，设定一个能达到最佳效果的阈值，处理流程如图 5-2 所示。但是此方法分割效果只能根据人为主观判断是否达到最佳，可能会导致每张图采用的分割阈值有区别。

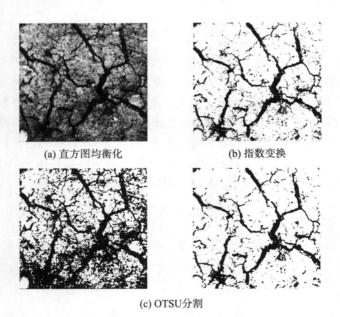

(a) 直方图均衡化                          (b) 指数变换

(c) OTSU分割

图 5-2    OTSU 阈值分割结果

## 5.1.2  裂隙桥接与杂点去除

通过上述操作可获取泥化夹层宏观裂隙特征的二值化图像，但在一定程度上与原始损伤情况仍存在差异，还需要对图像分割造成的裂隙间断进行填补，并去除杂点等小颗粒噪声。裂隙桥接实现的主要方法是采用形态学中的闭运算，杂点的去除与断点连接可采用开运算。考虑到裂隙图像依次进行开闭运算，往往会造成裂隙中狭小的部分出现断裂的情况，导致提取效果不理想。因此，本章采用面积阈值法去除杂点，具体流程为：将所有连通分量进行标记后，设定一个稍大于杂点面积的阈值，随后将所有面积小于此阈值的连通分量删除即可。本章所用面积阈值取值在 100 左右。裂隙桥接和杂点去除如图 5-3 所示。

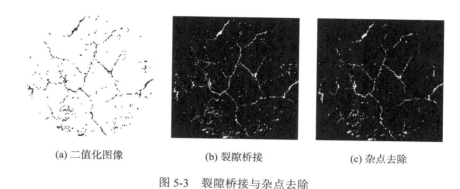

| (a) 二值化图像 | (b) 裂隙桥接 | (c) 杂点去除 |

图 5-3　裂隙桥接与杂点去除

### 5.1.3　裂隙特征提取

结合泥化夹层裂隙实际情况，其裂隙发育形状各不相同，裂隙的间距差异极大，难以确定试样被分割成的小块数量及面积。因此，本书采用式(5-6)的计算方法表示裂隙度。

$$\delta_{f} = \frac{\sum\limits_{i=1}^{n} A_i}{A} \tag{5-6}$$

式中，$\delta_{f}$ 为裂隙度；$n$ 为裂隙的总条数；$A_i$ 为第 $i$ 条裂隙所占面积；$A$ 为试样总面积。

在裂隙特征提取时除了需要提取裂隙的面积，还需明确裂隙发育过程中裂隙数量以及长、宽的变化。为保证可准确提取上述参数，还需要对裂隙图像进行一定的形态学处理。

将裂隙进行骨架化操作可得到裂隙的单像素拓扑结构，通过计算骨架上的像素数即可计算裂隙的总长度。由于裂缝宽度不均匀，细化后的图像在中轴线上保留了一些毛刺，需对其进行剔除处理。其基本原理是先求得骨架图像中的交点与端点，从端点开始删除像素点，遇到交点后停止，去毛刺的同时也会缩短裂隙中轴线长度，因此需要在中轴线的每个端点上补偿去除的像素点，以保证裂缝长度不会因去毛刺处理而变短失真。补偿的像素点数量计算方法如下：

$$z = 2n \times c \tag{5-7}$$

式中，$z$ 为需要补偿的长度像素点数；$n$ 为裂隙条数；$c$ 为剔除毛刺时删除的像素。

由于试样中多数裂隙有交叉的情况，通过图像处理难以准确计算裂隙的数量，且本身试样中的裂隙数量并不是很多，所以直接采用人工自主判别裂隙数量的方法统计裂隙的数量。上述像素点补偿数量计算公式中的裂隙数量则是根据连通分量数量来计算的。

关于裂隙端点与交点的识别方法，本书采用黎伟等(2014)提出的查找表法。当进行端点识别时，只需预先将 3×3 邻域中所有可能的端点形状列出来，然后将其与矩阵 $A$ 相乘：

$$A = \begin{bmatrix} 1 & 8 & 64 \\ 2 & 16 & 128 \\ 4 & 32 & 256 \end{bmatrix} \tag{5-8}$$

得到一个对应端点的查找表 b1。然后用矩阵 $A$ 遍历目标二值化图像，即使用矩阵 $A$ 与目标二值化图像的每个 3×3 邻域构成的矩阵相乘，如果得到的乘积与查找表中的某一个值相等，则定义该 3×3 邻域的中心点为端点。同理，列出所有交点的形状，与矩阵 $A$ 相乘可得出交点的查找表 b2。在二值化图像中，可能是端点的形状只有 8 种，如图 5-4 所示。

$$
\begin{bmatrix} 1 & 0 & 0 \\ 0 & 1 & 0 \\ 0 & 0 & 0 \end{bmatrix} \quad
\begin{bmatrix} 0 & 1 & 0 \\ 0 & 1 & 0 \\ 0 & 0 & 0 \end{bmatrix} \quad
\begin{bmatrix} 0 & 0 & 1 \\ 0 & 1 & 0 \\ 0 & 0 & 0 \end{bmatrix} \quad
\begin{bmatrix} 0 & 0 & 0 \\ 0 & 1 & 1 \\ 0 & 0 & 0 \end{bmatrix}
$$
(a)            (b)            (c)            (d)

$$
\begin{bmatrix} 0 & 0 & 0 \\ 0 & 1 & 0 \\ 0 & 0 & 1 \end{bmatrix} \quad
\begin{bmatrix} 0 & 0 & 0 \\ 0 & 1 & 0 \\ 0 & 1 & 0 \end{bmatrix} \quad
\begin{bmatrix} 0 & 0 & 0 \\ 0 & 1 & 0 \\ 1 & 0 & 0 \end{bmatrix} \quad
\begin{bmatrix} 0 & 0 & 0 \\ 1 & 1 & 0 \\ 0 & 0 & 0 \end{bmatrix}
$$
(e)            (f)            (g)            (h)

图 5-4  端点的 8 种可能的形状

查找表知 b1 和 b2 如下：

b1= [17 18 20 24 48 80 144 272] ；

b2=[58 85 113 114 115 117 122 149 154 156 157 158 177 178 179 181 184 185 186 188 189 213 241 242 243 245 277 282 284 285 286 314 337 338 339 340 341 342 346 348 350 369 370 371 378 405 410 412 413 414]。

求得裂隙的所有端点与交点后即可按照上述方法处理毛刺，裂隙的骨架化和去毛刺效果如图 5-5 所示。统计所有像素点数量即可作为裂隙长度，裂隙面积与长度的比值即为裂隙的平均宽度，所有连通分量的数量即为裂隙的条数。

值得注意的是，此处裂隙条数仅作为计算裂隙长度时像素补偿量 $z$ 的计算，与后文统计的裂隙数量变化规律中的裂隙数量不是同一个值。

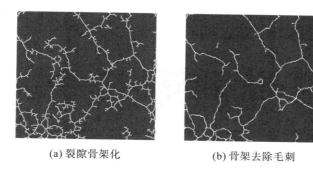

(a) 裂隙骨架化　　　　　　　　　(b) 骨架去除毛刺

图 5-5　裂隙骨架图形

### 5.1.4　裂隙的量化

以上通过统计像素点数量的方法得到的裂隙特征参数都不是实际裂隙参数，需要进行换算后才能得到裂隙的真实尺寸。因此，可在图像处理之前圈选出环刀区域，计算其中包含的所有像素点数量与直径上的像素点数量，则可根据环刀实际面积与像素点数量得到它们的相互关系，推导出裂隙面积与像素点数量的关系；根据直径的实际尺寸与直径上像素点的相互关系推导出裂隙长度与像素点数量的关系。经过总结，其基本换算公式如下：

$$L = \frac{D}{D_p} \cdot \sum_{i=1}^{N} n_i \tag{5-9}$$

$$A = \frac{S}{S_p} \cdot \sum_{i=1}^{N} a_i \tag{5-10}$$

$$d = \frac{A}{L} \tag{5-11}$$

其中，$L$ 为裂隙的真实总长度，mm；$D$ 为环刀的直径，61.8mm；$N$ 为裂隙数量；$n_i$ 为以像素数量表示的第 $i$ 条裂隙的长度；$D_p$ 为以像素数量表示的环刀直径；$A$ 为裂隙的真实面积，mm$^2$；$S$ 为环刀的真实面积，mm$^2$；$S_p$ 为以像素数量表示的环刀面积；$a_i$ 为以像素数量表示的第 $i$ 条裂隙的面积；$d$ 为裂隙的平均宽度，mm。

为了更加方便地统计裂隙图像的裂隙特征，本章在以上裂隙图像处理方法及特征提取算法的基础之上，将处理过程进行了整理与集成，设计了裂隙图像处理的用户界面，如图 5-6 所示。

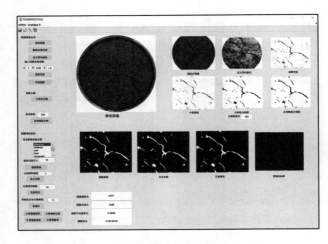

图 5-6　裂隙图像处理用户界面设计

## 5.2　泥化夹层表层细观孔隙损伤识别量化方法

### 5.2.1　原位微孔隙损伤图像的获取

在水环境下和加载过程中，岩土体微细观形貌变化较大，若利用扫描电镜直接对其微细观结构进行观测，存在难以找到同一微细观观测区域的问题，对于非均匀材料而言，研究结果可能存在较大的区域差异性。如图 5-7 所示，为获取泥化夹层同一微细观区域的图像，自制了用于电镜扫描的泥化夹层嵌套装置。嵌套装置由薄壁套筒和微米定位钢丝组成，微米钢丝定位线能够实现在每次的电镜扫描试验中，对同一样品同一微细观位置进行定位。

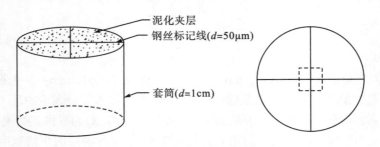

图 5-7　嵌套装置及观测区域示意图

### 5.2.2　表层微孔隙损伤的识别量化

本章仍然沿用第二章所述泥化夹层微细观组构特征识别量化方法对图像进行处理。本节图像阈值调整遵循的原则是使二值化图像尽可能达到无杂点、各孔隙边缘轮廓清晰，获得二值化的微细观图像后，将图像导入 PCAS 软件中对二值化图像中的一些杂点进行自动去除。由于图像中的孔隙是由像素点组成，当像素较少时则无法真实地表示孔隙的真实形状，因此需要设定该尺度下的最小孔隙面积，考虑到泥化夹层与黏土成分类似，最小孔隙面积可取为 50。封闭半径则定义为腐蚀结构元素的半径 $r$，该值可取为 2，孔隙之间连接的直径小于 $2r$ 时，则会被切分成两个独立区域，即被识别为两个孔隙。录入最小孔隙面积和封闭半径参数后，便可自动识别出二值化图像中的孔隙情况，同时给出各孔隙的相关形貌数据。最后将各个孔隙的数据进行汇总，即可得到孔隙数量、孔隙尺寸、孔隙形态、孔隙排列等参数的量化数据，孔隙量化流程如图 5-8 所示。

图 5-8　泥化夹层微孔隙的识别量化

## 5.3　泥化夹层内部细观损伤动态识别方法

### 5.3.1　CT 扫描技术

根据 CT 机的工作原理，CT 扫描实际上是对一定厚度的被检测物薄片状截面进行扫描分析，CT 检测原理就是通过计算 X 射线在被检测物体截面内的衰减系数 $\mu(x,y)$ 来进行成像。为凸显被检测物质衰减系数的差异，研究人员通常用水的衰减系数 $\mu_w$ 作为参照来定义 CT 数 $H$，通过 CT 数表征被检测物质对 X 射线的吸收特性。CT 数 $H$ 与衰减系数 $\mu$ 的关系为（姜袁等，2008）：

$$H = \frac{\mu - \mu_w}{\mu_w} \times 1000 \tag{5-12}$$

式中，$\mu$、$\mu_w$ 分别为被检测物体和水的衰减系数。

当 $\mu = \mu_w$ 时，得到水的 CT 值为 0Hu；当 $\mu = \mu_a$（$\mu_a = 0$，$\mu_a$ 为空气的衰减系数）时，空气的 CT 值为-1000Hu。因水和空气的 CT 值和射线的能量没有关系，故而可用它们来标定 CT 值，一般岩土介质的 CT 值范围为-1024～3071 Hu。

CT 扫描中主要有以下几个重要参数：①CT 工作时间，包括扫描时间、图像重建时间、拍片时间。通常情况下，周期时间=扫描时间+重建时间+拍片时间。②空间分辨率，指 CT 设备对被检测物体空间大小和几何尺寸的分辨能力。③密度分辨率，表示 CT 机对被检测物体密度差异的分辨能力，用百分数的形式表示。

④窗宽，表征 CT 图像显示的 CT 值的范围，该范围内的物质密度均通过不同的灰度显示出来。⑤窗位，表征窗的中心位置，即使相同的窗宽，但因其窗位的差异，其 CT 值也有不同。CT 细观识别不仅可以对被检测物体扫描截面进行定性和定量分析，而且可以通过 CT 数及其分布规律与材料的损伤变量 $D$ 建立联系。

### 5.3.2 泥化夹层内部损伤识别

一般来说，针对不同物质的 CT 图像要设定不同的窗宽、窗位才能更加清晰地观察物体内部的结构特征，例如医学上用窗宽 99、窗位 33 来观察病人脑部结构特征，用窗宽 1500、窗位 700 观察病人肺部等。因此，在试验前期应对试验仪器进行标定，获取最佳的观测位置，以期在扫描后得到明暗相近、结构清晰的泥化夹层 CT 图像。试样中密度越大的区域在 CT 图像中越接近白色，反之越接近黑色，低密度区主要为孔洞、裂隙以及薄弱区域，高密度区主要为泥化夹层中的碎屑等。

由于 CT 图像存在伪影和噪点，会对真实情况产生一定影响，为了准确提取截面孔洞、裂隙等损伤信息，还需要对 CT 图像进行优化处理。结合第二章所述图像处理方法，本章仍然可采用中值滤波、阈值分割等图像处理技术，消除噪点和伪影，提取裂缝孔洞等损伤信息，并表示为二值化图像。图 5-9(a) 展示了一组泥化夹层原始扫描图像，图 5-9(b) 为经过二值化处理的图像。二值化图中圆柱形试样横截面内部的黑色代表裂纹和孔洞，白色代表泥化夹层中的泥、碎屑等组成物质，通过二值化图可以直观地看到试样内部孔洞裂隙的损伤变化情况。

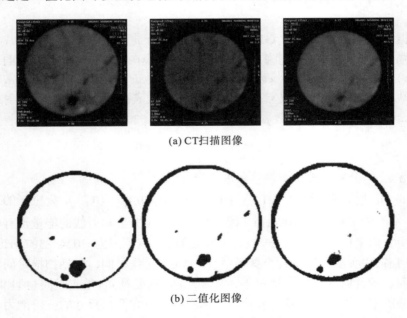

(a) CT扫描图像

(b) 二值化图像

图 5-9　泥化夹层扫描原始图像

CT 数和 CT 数方差可以定量表征泥化夹层的损伤情况，CT 数越大表明该区域密度越大，即泥化夹层在受力时该区域处于压密状态。CT 数方差主要表征泥化夹层密度的均匀性，方差越大证明泥化夹层不均匀程度越高，此外，方差的变化与损伤发展的快慢密切相关。通过建立 CT 数、CT 数方差与泥化夹层应力的关系，即可定量表征泥化夹层损伤规律。

# 5.4　本　章　小　结

本章秉承由表及里、由内而外、由微观到宏观的思想，结合数字图像处理、CT 扫描成像、扫描电子显微成像等技术，形成了泥化夹层表层及内部宏细观损伤的量化表征方法，主要结论如下：

（1）通过数字图像处理技术和高清数码相机，建立了泥化夹层表层宏观裂隙特征量化表征方法，并以此开发了裂隙特征提取平台。首先，通过建立宏观裂隙图像拍摄原则，规避了光照、拍摄角度、距离等因素的影响；然后，通过对图像进行"直方图均衡化-指数变换-中值滤波-阈值分割-闭运算"等操作，获得了泥化夹层宏观裂隙特征图像；最后，根据图像像素点与实际尺寸的数学关系，量化了宏观裂隙的长度、宽度、面积等信息。

（2）设计了泥化夹层微细观观测区域定位装置，实现了对同一观测区域的微细观损伤量化表征。首先，利用嵌套装置获取可应用于电子扫描显微镜的泥化夹层原状样；其次，通过微米钢丝实现观测区域的定位，以保证可观测同一位置处的损伤情况；最终，通过泥化夹层微细观组构特征量化方法，实现了泥化夹层微观孔隙损伤的识别量化。

（3）结合 CT 扫描、图像处理技术，量化表征了泥化夹层内部细观损伤特征。首先，利用 CT 扫描技术对泥化夹层加载过程进行实时监测，获取泥化夹层在不同阶段的内部损伤图像；然后，通过对 CT 数和方差进行分析，实现泥化夹层损伤过程的定量描述；最后，结合图像处理技术，将 CT 扫描图像二值化，进一步量化其内部孔洞与裂隙特征参数，为揭示泥化夹层损伤规律提供数据支撑。

# 第六章　泥化夹层损伤与宏观力学行为关联研究

泥化夹层作为岩体中一种常见的软弱结构面，在地震、人工开挖、降雨等外界因素作用时，其剪切强度大幅度下降，引起滑坡、崩塌等地质灾害，尤其在汛期干湿循环的恶劣环境下，边坡稳定性问题更为突出。因此，研究泥化夹层在干湿循环作用下的损伤机理，对岩土体灾害防治和边坡稳定性评价具有重要的意义。

考虑到泥化夹层存在于岩体内部，其本身必定承受一定的围压。本章首先获取了三向受力状态下泥化夹层的损伤过程，并建立了损伤本构方程；然后，利用泥化夹层宏细观损伤特征量化表征方法，量化了干湿循环下泥化夹层宏细观损伤特征参数；最后，探讨了宏观损伤的微细观机制，阐释了泥化夹层损伤特征与力学行为的关联机制。

## 6.1　三向受力下泥化夹层内部损伤动态演化识别

### 6.1.1　取样点工程地质特征

本节所采用的泥化夹层取自四川省巴中市南江县东榆镇文光村 2 社小榜上滑坡。滑坡区表层由第四系残积物、坡积物和崩积物组成，下伏基岩地层岩性以侏罗系中统上沙溪庙组($J_2s^3$)紫红色泥岩和灰白色砂岩、灰黄色泥质粉砂岩为主。如图 6-1 所示，本次所取泥化夹层为该滑坡体的滑面，位于滑坡后壁的滑床与上覆层之间，厚度为 10～30mm，颜色呈黄褐色，属于粉质黏土夹碎屑型。

(a) 滑坡区全貌　　　　　　　　　　(b) 取样过程

图 6-1　泥化夹层采样区

### 6.1.2　泥化夹层 CT-三轴剪切试验

为符合 CT 试验仪器的要求,首先将泥化夹层用自制的环刀切为直径 39.1mm、高 20mm 圆柱样品,然后采用中国人民解放军陆军勤务学院的制样设备完成三轴试样的制备(图 6-2),制样完成后将试样包裹在保鲜膜中并放入保湿容器内保湿。

图 6-2　泥化夹层三轴试样制备仪器

本试验采用多功能非饱和土 CT-三轴仪对泥化夹层试样进行了三轴剪切试验,如图 6-3 所示。试验过程中,该套试验仪器通过 GDS 土工试验仪器控制试验围压和偏应力,本次共进行了 2 组 8 个原状试样的三轴固结排水剪切试验。制备完成的原状泥化夹层试样在三轴压力室内先进行等压固结,固结稳定的标准为两小时内体变和排水均小于 0.01ml,先期固结围压分别控制在 0kPa、50kPa、100kPa、200kPa。固结完成后开始对试样进行剪切,剪切应力通过 GDS 压力系统施加,以 10kPa 为一个荷载步施加偏应力。剪切过程中分别在轴向应变达到 5%、10%、15% 附近对试样进行扫描,扫描时控制应力不变,扫描前后分别记录一次位移,取前后两次的平均值作为扫描时刻的实时位移。试样初始条件如表 6-1 所示。

(a) 仪器放置与推进

(b) 扫描层定位

图 6-3　三轴试验 CT 扫描过程图(边加载边扫描)

表 6-1　三轴剪切试验试样初始条件

| 试样 | | 密度 /(g/cm³) | 干密度 /(g/cm³) | 含水率 /% | 比重 | 孔隙比 | 饱和度 /% | 围压 /kPa |
|---|---|---|---|---|---|---|---|---|
| 1 号取样点试样 | 1y1 | 1.91 | 1.52 | 25.8 | 2.78 | 0.83 | 86.4 | 100 |
| | 1y2 | 1.99 | 1.58 | 25.8 | 2.78 | 0.76 | 94.4 | 200 |
| | 1y3 | 2.04 | 1.64 | 24.4 | 2.78 | 0.70 | 97.2 | 50 |
| | 1y4 | 1.93 | 1.49 | 29.6 | 2.78 | 0.87 | 95.0 | 0 |
| 2 号取样点试样 | 2y1 | 1.95 | 1.62 | 20.4 | 2.72 | 0.68 | 81.4 | 100 |
| | 2y2 | 1.87 | 1.59 | 17.6 | 2.72 | 0.71 | 67.0 | 200 |
| | 2y3 | 1.96 | 1.63 | 20.1 | 2.72 | 0.67 | 81.9 | 50 |
| | 2y4 | 1.99 | 1.68 | 18.8 | 2.72 | 0.62 | 82.2 | 0 |

## 6.1.3　三向受力下泥化夹层内部损伤过程

### 1. 单轴压缩(无围压)下泥化夹层损伤过程

扫描图像以试样截面的中心为圆心取包含整个截面的圆为全区,从图像中可以清晰地观察到泥化夹层结构损伤的发展过程。由图 6-4 可知,试样 1y4 的 CT 图像亮度均匀,间接证明其均匀化程度高,当应变达到 14.1%时试样裂隙损伤仍未贯通,但已有贯通的趋势。试样 2y4 损伤发展过程中微裂隙初始损伤呈现出绕开碎屑发展、贯通的规律,这与试样碎屑自身强度和土体与碎屑的黏结强度有关。

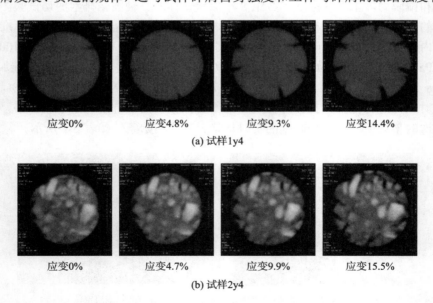

应变0%　　　　　　应变4.8%　　　　　　应变9.3%　　　　　　应变14.4%
(a) 试样1y4

应变0%　　　　　　应变4.7%　　　　　　应变9.9%　　　　　　应变15.5%
(b) 试样2y4

图 6-4　单轴压缩时泥化夹层 CT 扫描图像

图 6-5 为 CT 数和 CT 数方差与轴向应力应变的关系。泥化夹层在单轴压缩过程中，其 CT 数不断减小，CT 数方差不断增大，反映出在加载过程中试样裂隙、孔洞等损伤逐步扩展、贯通，使得试样不均匀程度增加。加载过程中，试样 1y4 的 CT 数方差变化较快，说明其损伤发展迅速；试样 2y4 由于初始不均匀程度较高，加载过程中会出现一部分裂隙、孔洞闭合或挤压填充，使试样的不均匀程度变化相对较缓慢。

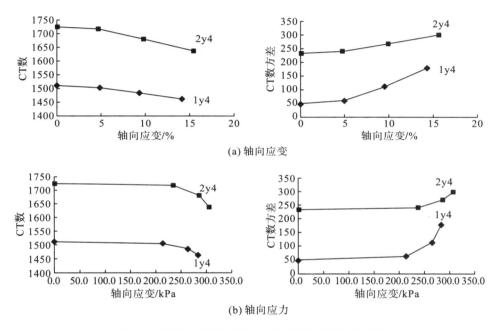

(a) 轴向应变

(b) 轴向应力

图 6-5　CT 数、CT 数方差与轴向应力（应变）的关系

## 2. 三向受力状态下泥化夹层损伤过程

从试样各个阶段的 CT 图像可以看出，多数试样均能看到明显的初始损伤（孔洞、裂隙），固结后试样的初始损伤均有所闭合或消失。在加载过程中，1 号取样点试样的裂隙是逐渐闭合的，孔洞则出现了先闭合后增大的情况，说明试样结构在加载过程中不断进行调整。2 号取样点试样初始状态内部存在少量微小裂隙，随着加载的进行，孔洞逐渐被挤压、填充直至消失，裂隙逐渐闭合，CT 图像逐渐变亮，反映出试样密度随着加载过程逐渐增加。图 6-6 为不同围压下泥化夹层初始与加载终止状态的 CT 扫描图像。

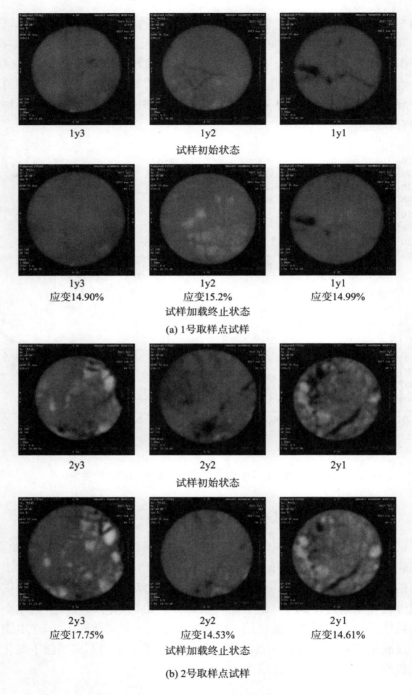

试样初始状态

1y3　　　　　　　1y2　　　　　　　1y1

应变14.90%　　　　　应变15.2%　　　　　应变14.99%

试样加载终止状态

(a) 1号取样点试样

2y3　　　　　　　2y2　　　　　　　2y1

试样初始状态

2y3　　　　　　　2y2　　　　　　　2y1

应变17.75%　　　　　应变14.53%　　　　　应变14.61%

试样加载终止状态

(b) 2号取样点试样

图 6-6　　不同围压下泥化夹层的 CT 扫描图

（从左至右依次为 50kPa、100kPa、200kPa）

不同围压下泥化夹层 CT 数、CT 数方差与轴向应变的关系如图 6-7 所示。加载过程中，1 号取样点试样的 CT 数变化不大，初始损伤较大的试样在加载过程中被压密，初始损伤逐渐闭合、填充，故其 CT 数方差变化较大。2 号取样点试样由于碎屑的存在，固结前三个试样的 CT 数相差较大，说明了泥化夹层初始结构分布的不均匀性。随着剪切的进行，2 号取样点试样截面的 CT 数呈上升的趋势，说明试样的原有结构不断遭到破坏，塌落的颗粒填充了原有孔洞，CT 数方差相较于加载初始状态有所升高。

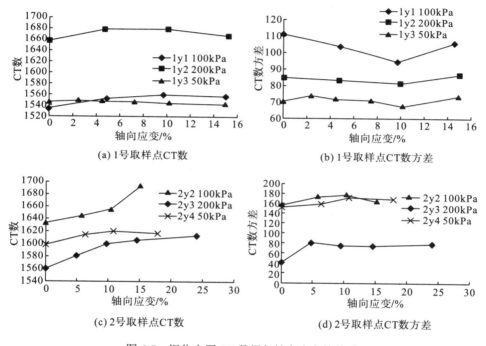

图 6-7　泥化夹层 CT 数据与轴向应变的关系

# 6.2　三向受力下泥化夹层损伤演化方程

## 6.2.1　应变等价原理

为间接得到材料的损伤大小，法国著名学者 Lemaitre 等(1990,1987,1986)提出了应变等价原理：在单轴受力条件下，全应力作用在受损材料上引起的应变与有效应力作用在无损材料上引起的应变等价。通过公式表示如下：

$$\varepsilon = \frac{\sigma}{\widetilde{E}} = \frac{\widetilde{\sigma}}{E} \tag{6-1}$$

式中，$E$ 和 $\tilde{E}$ 分别对应于全应力和有效应力下的弹性模量，即材料的弹性模量和有效弹性模量。

张全胜(2003)在此基础上做了推广，得到了更具普遍意义的应变等价原理：材料受到力 $F$ 作用后的损伤大小发生改变，任取损伤扩展阶段的两种损伤状态，认为材料在第一种损伤状态下的有效应力作用于第二种损伤状态引起的应变，等价于材料在第二种损伤状态下的有效应力作用于第一种损伤状态引起的应变。公式表达如下：

$$F = \sigma^1 \times A^1 = \sigma^2 \times A^2 \tag{6-2}$$

式中，$\sigma^1$ 和 $A^1$ 分别表示第一种损伤状态下的有效应力和有效承载面积；$\sigma^2$ 和 $A^2$ 分别表示第二种损伤状态下的有效应力和有效承载面积。

推广后的应变等价原理可表示为

$$\varepsilon = \frac{\sigma^1}{E^2} = \frac{\sigma^2}{E^1} \tag{6-3}$$

式中，$E^1$ 和 $E^2$ 分别表示第一种损伤状态和第二种损伤状态的弹性模量。

损伤变量用有效承载面积表示如下：

$$D = \left( A^1 - A^2 \right) / A^1 \tag{6-4}$$

式中，$D$ 是第二种损伤状态相对于第一种损伤状态的损伤变量；$A^1$、$A^2$ 分别是第一种、第二种损伤状态下的有效承载面积。

由式(6-2)和式(6-4)得

$$\sigma^2 = \sigma^1 / \left( 1 - D \right) \tag{6-5}$$

联立式(6-3)和式(6-5)得

$$\varepsilon = \frac{\sigma^1}{\left( 1 - D \right) E^1} \tag{6-6}$$

式(6-6)即为基于推广后的应变等价原理得到的单轴受力状态下材料的损伤本构方程。事实上，真正无损伤材料的弹性模量在现实中难以测量，而推广后的应变等价原理没有了无损材料的限制，只需要一个基准损伤状态的弹性模量 $E^1$ 就能将材料的损伤本构方程表示出来。

引入上述推广后的应变等价原理对常规三轴剪切情况下的泥化夹层进行分析，对上述公式进行如下修正：

$$\Delta F = \Delta\sigma^1 \times A^1 = \Delta\sigma^2 \times A^2 \tag{6-7}$$

式中，$\Delta F$ 表示三轴剪切试验主应力方向对试样施加的力；$\Delta\sigma^1$ 和 $A^1$ 分别表示第一种损伤状态下的偏应力和有效承载面积；$\Delta\sigma^2$ 和 $A^2$ 分别表示第二种损伤状态下的偏应力和有效承载面积。

适用于常规三轴剪切试验的应变等价原理可表示为

$$\varepsilon_1 = \frac{\Delta\sigma^1}{E^2} = \frac{\Delta\sigma^2}{E^1} \tag{6-8}$$

式中，$\varepsilon_1$ 是偏应力作用下产生的轴向应变；$\Delta\sigma^1$ 和 $\Delta\sigma^2$ 分别是第一种损伤状态和第二种损伤状态的主应力方向的偏应力，即 $\Delta\sigma^1 = \sigma_1^1 - \sigma_3^1$ 和 $\Delta\sigma^2 = \sigma_1^2 - \sigma_3^2$。

损伤变量用有效承载面积表示如下：

$$D = \left(A^1 - A^2\right)/A^1 \tag{6-9}$$

式中，$D$ 是第二种损伤状态相对于第一种损伤状态的损伤变量；$A^1$、$A^2$ 分别是第一种、第二种损伤状态下的有效承载面积。

由式(6-7)和式(6-9)得

$$\Delta\sigma^2 = \Delta\sigma^1/(1-D) \tag{6-10}$$

联立式(6-8)和式(6-10)得

$$\varepsilon_1 = \frac{\Delta\sigma^1}{(1-D)E^1} \tag{6-11}$$

式(6-11)即为修正后适用于泥化夹层的损伤本构方程。

## 6.2.2　泥化夹层损伤变量的定义与提取

损伤变量可通过有效承载面积求得，但在受损材料中测定有效承载面积十分困难，通过第二种损伤状态的弹性模量(也称有效弹性模量)与第一种损伤状态的弹性模量的比值来表示材料损伤程度显然比测定有效承载面积更为便捷。根据式(6-6)或式(6-11)可得

$$E = (1-D)E_0 \tag{6-12}$$

式中，$D$ 是第二种损伤状态相对于第一种损伤状态的损伤变量；$E_0$ 和 $E$ 分别表示第一种、第二种损伤状态下的有效变形模量。

天然情况下，材料基本都有初始损伤存在，土体材料同样存在初始损伤，如土体中的裂隙、孔洞等都是土体的初始损伤。在土体材料加载过程中发现，土体的变形模量迅速增加到峰值，即加载初期被压密试样的初始损伤闭合、消失后，其变形模量开始减小，在土体损伤力学中称土体开始损伤的应力(应变)点为初始损伤应力(应变)门槛值。

雷胜友和唐文栋(2006)提出了损伤应力和应变门槛值的确定方法，定义了基于简单有效模量(仅考虑轴向损伤)的损伤变量。三轴剪切试验中，其应力应变曲线存在着转折点，加载开始阶段，应变变化缓慢，当达到转折点后应变的增加速率逐渐加快。因此，可以通过轴向弹性模量与应力、应变的关系曲线来确定材料的初始损伤应力和应变的门槛值。

泥化夹层有效变形模量为

$$E = \frac{\sigma_1 - \sigma_3}{\varepsilon_1} \tag{6-13}$$

基于有效变形模量的损伤变量用公式表示如下

$$D = 1 - \frac{E}{E_0} \tag{6-14}$$

式中，$E_0$、$E$ 分别表示损伤初始变形模量和损伤变形模量（也称有效变形模量）。

泥化夹层在加载时其变形模量随着应变的增加快速到达峰值，随后降低，为分析简便，可取泥化夹层峰值点的变形模量（轴向）作为相对无损伤状态下的变形模量，将该点所对应的应变作为泥化夹层的初始损伤应变门槛值，对应的初始应力作为损伤应力门槛值。根据损伤变量的定义[式(6-14)]，可得到泥化夹层的损伤变量，从而反映出泥化夹层的损伤程度。

### 6.2.3　泥化夹层损伤演化方程

根据前述泥化夹层损伤变量提取方法，将变形模量峰值对应的应力应变值作为损伤应力应变门槛值，表 6-2 为泥化夹层初始损伤门槛值和初始损伤变形模量。

表 6-2　泥化夹层初始损伤门槛值及初始损伤变形模量

| 试样 | 围压/kPa | 损伤应力门槛值 $\sigma_c$ /kPa | 损伤应变门槛值 $\varepsilon_c$ /% | 初始损伤变形模量 $E_0$ /MPa |
|---|---|---|---|---|
| 1y1 | 100 | 9.9 | 0.02 | 41.2 |
| 1y2 | 200 | 50.7 | 0.15 | 32.9 |
| 1y3 | 50 | 40.6 | 0.06 | 67.4 |
| 1y4 | 0 | 51.2 | 0.14 | 36.9 |
| 2y1 | 100 | 10.1 | 0.04 | 25.1 |
| 2y2 | 200 | 32.2 | 0.14 | 23.4 |
| 2y3 | 50 | 34.2 | 0.06 | 56.2 |
| 2y4 | 0 | 40.8 | 0.21 | 19.7 |

根据泥化夹层损伤变量的定义，计算试样的损伤变量，并建立泥化夹层损伤变量与轴向应变的关系，其具体关系可由下式表述

$$D = 1 - m\varepsilon_1^n \tag{6-15}$$

式中，$D$ 表示泥化夹层的损伤变量，且压密阶段认为 $D=0$；$\varepsilon_1$ 是泥化夹层轴向应变；$m$、$n$ 为泥化夹层的损伤参数。

不同围压（单轴压缩时的围压看作 0kPa）下泥化夹层损伤参数的拟合结果见表 6-3，泥化夹层损伤变量的理论值与试验值如图 6-8 所示。

表6-3　不同围压下损伤参数及拟合情况

| 取样点 | 围压/kPa | $m$ | $n$ | $R^2$ | $E_0$ /MPa |
|---|---|---|---|---|---|
| 1 号 | 0 | 0.3462 | -0.679 | 0.991 | 36.9 |
| | 50 | 0.2023 | -0.647 | 0.997 | 67.4 |
| | 100 | 0.2491 | -0.526 | 0.979 | 41.2 |
| | 200 | 0.6437 | -0.537 | 0.987 | 32.9 |
| 2 号 | 0 | 0.5546 | -0.567 | 0.973 | 19.7 |
| | 50 | 0.1502 | -0.801 | 0.992 | 56.2 |
| | 100 | 0.2367 | -0.471 | 0.908 | 25.1 |
| | 200 | 0.408 | -0.425 | 0.910 | 23.4 |

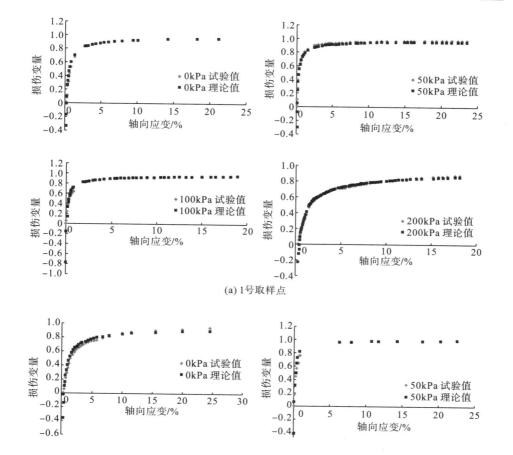

(a) 1号取样点

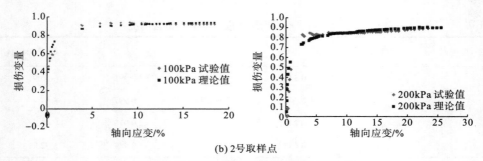

(b) 2号取样点

图 6-8    泥化夹层损伤变量试验值与理论值

则泥化夹层损伤演化方程可表示为

$$D = \begin{cases} 0, & \varepsilon_1 \leqslant \varepsilon_c \\ 1 - m\varepsilon_1^{\,n}, & \varepsilon_1 > \varepsilon_c \end{cases} \tag{6-16}$$

式中，$\varepsilon_c$ 为泥化夹层损伤应变门槛值。

联立式 (6-11) 和式 (6-16)，则泥化夹层的损伤本构关系可表示为

$$\Delta\sigma_1 = \begin{cases} 10E_0\varepsilon_1, & \varepsilon_1 \leqslant \varepsilon_c \\ 10(1-D)E_0\varepsilon_1, & \varepsilon_1 > \varepsilon_c \end{cases} \tag{6-17}$$

即

$$\Delta\sigma_1 = \begin{cases} 10E_0\varepsilon_1, & \varepsilon_1 \leqslant \varepsilon_c \\ 10mE_0\varepsilon_1^{\,n+1}, & \varepsilon_1 > \varepsilon_c \end{cases} \tag{6-18}$$

式中，$\Delta\sigma_1$ 表示泥化夹层的偏应力（单轴压缩时为轴向应力），kPa；$\varepsilon_1$ 是泥化夹层轴向应变，%；$m$、$n$ 为泥化夹层的损伤参数；$E_0$ 泥化夹层初始损伤变形模量，MPa；"10" 是单位换算系数。

# 6.3    干湿循环下泥化夹层宏细观损伤量化表征

## 6.3.1    干湿循环试验方案

为减小试样个体差异性所带来的影响，本节所用泥化夹层与 CT 扫描试样取自同一地点。本次试验选用 48 个泥化夹层原状样进行干湿循环试验，每一个样品进行 6 次干湿循环试验，每 4 个样品为一组进行 6 次干湿循环试验，每次循环准备 2 组样品用于直剪试验，分别在 100kPa、200kPa、300kPa 和 400kPa 垂直压力下进行两组试验。具体操作如下：

(1) 将所有环刀嵌套的样品放置于透水石之上，在透水石与环刀之间铺垫滤纸将各个样品连带透水石底座放入烘箱，在 40℃恒定温度条件下干燥 24 小时，以保证泥化夹层充分烘干。

(2) 样品充分烘干并冷却后，小心将样品从烘箱中取出，进行第一次宏观形貌拍

摄工作。拍照过程在夜间进行，通过控制实验室光源的强度与方位，减少了光照条件的干扰。

（3）第一次拍摄完成后，进行第一次增湿过程，如图 6-9 所示。将底部带有透水石和滤纸的泥化夹层样品放置于浸水盆中，浸水盆中的水位不宜超过透水石高度。为了保证试样充分浸水，在试样上部统一铺设滤纸，并采用喷水壶对泥化夹层定时洒水浸湿，每 2 小时洒水一次，保证有持续水分通过滤纸向下渗透，增湿时间定为 12 小时。

（4）增湿完成后重复之前的烘干与样品表面损伤拍摄工作。

（5）微观损伤所用试样的干湿循环试验方案与宏观试样类似，这里不再赘述。

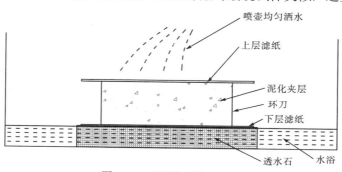

图 6-9　干湿循环增湿过程

## 6.3.2　干湿循环下泥化夹层宏细观损伤参数

### 1. 宏观裂隙损伤

图 6-10 展示了一组样品的宏观损伤过程，黏土泥化夹层同时伴有裂隙和孔洞两种特征的损伤，裂隙损伤占绝大部分。随着干湿循环次数的增加，泥化夹层宏观损伤逐渐加剧，最终趋于稳定。黏土泥化夹层损伤的演化过程中，主要有以下几点规律：①孔洞多产生在试样边缘以及初始微孔洞处；②贯穿裂隙通常在试样四周开始形成，逐渐向中部发展。短小窄裂隙则沿贯通裂隙衍生，相互交错分布于试样各处，越靠近试样边缘的区域越密集；③裂隙发展方向在宏观上无明显规律性。

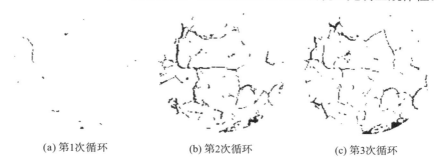

(a) 第1次循环　　　　　　　(b) 第2次循环　　　　　　　(c) 第3次循环

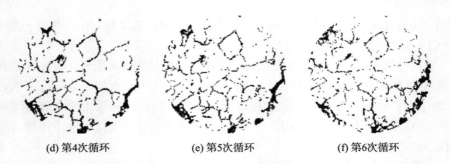

(d) 第4次循环　　　　　(e) 第5次循环　　　　　(f) 第6次循环

图 6-10　干湿循环下泥化夹层宏观损伤过程

　　图 6-11 为一组泥质粉砂岩泥化夹层损伤参数与循环次数的关系，从图中可以看出，损伤面积和裂隙总长随着干湿循环次数的增加可分为三个阶段：①快速增长阶段，从原始无损状态到第 1 次干湿循环，损伤参数快速上升；②较快增长阶段，从第 1 次干湿循环到第 3 次干湿循环，损伤面积和裂隙总长快速增长；③稳定阶段，第 3 次干湿循环开始，损伤面积与裂隙总长逐步稳定。泥质粉砂岩泥化夹层裂隙平均宽度受干湿循环次数的影响较小。

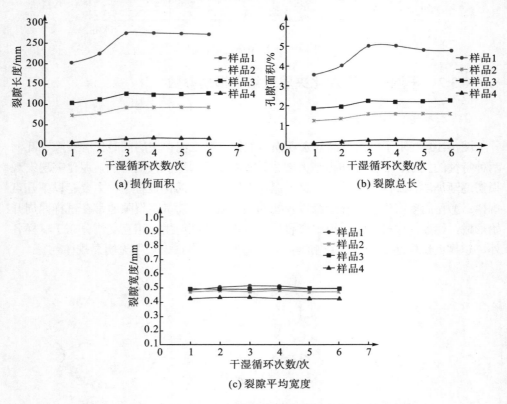

(a) 损伤面积　　　　　　　　　　　　　(b) 裂隙总长

(c) 裂隙平均宽度

图 6-11　干湿循环次数与宏观损伤参数的关系

## 2. 微细观孔隙损伤

泥质粉砂岩泥化夹层干湿循环下同一微细观区域演化过程如图 6-12 所示。第 1 次干湿循环时，泥化夹层微细观区域已经存在较多数量的团聚体，分别嵌入在黏土矿物中，团聚体间孔隙尺寸较大；3 次干湿循环后，整个区域结构变化明显，团聚体逐渐崩解变小，大孔隙逐步转变为大量的小孔隙，整体结构逐渐融为一体；第 3 次到第 6 次干湿循环，细观损伤趋势减弱，结构变动不大，部分区域由于黏土矿物胀缩产生隆起或位移，从整体来看，团聚体和孔隙的尺寸变化较小。

(a) 第1次循环      (b) 第3次循环      (c) 第6次循环

图 6-12 泥质粉砂岩泥化夹层干湿循环下的微观损伤演化

表 6-4 中给出了不同干湿循环次数下，泥质粉砂岩泥化夹层微细观孔隙损伤特征的量化情况，图 6-13 为干湿循环下泥化夹层微孔隙定向玫瑰图。从量化数据中可得出以下结论：随着干湿循环次数增加，泥化夹层细观孔隙数量逐步增多，增加趋势较为线性，团聚体颗粒数量也明显增加；微观孔隙的平均面积、平均周长均呈现出随着干湿循环次数增加而逐渐下降并稳定的趋势；分形维数微弱增加并趋于稳定，平均形状系数变化也不大，证明了干湿循环对泥化夹层内摩擦角影响不大；孔隙概率熵较为稳定，反映了泥化夹层中团聚体排布的无序性，且排列特征受干湿循环作用的影响较弱。

表 6-4 泥质粉砂岩泥化夹层微细观结构参数变化情况

| 干湿循环次数/次 | 孔隙个数/个 | 平均面积/μm² | 平均直径/μm | 平均周长/μm | 平均形状系数 | 分形维数 | 概率熵 |
|---|---|---|---|---|---|---|---|
| 1 | 181 | 3.9 | 1.97 | 9.45 | 0.375 | 1.2 | 0.967 |
| 3 | 210 | 3.03 | 1.85 | 8.97 | 0.376 | 1.21 | 0.969 |
| 6 | 243 | 2.82 | 1.83 | 8.59 | 0.374 | 1.208 | 0.976 |

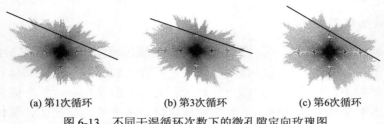

(a) 第1次循环　　　　　　(b) 第3次循环　　　　　　(c) 第6次循环

图 6-13　　不同干湿循环次数下的微孔隙定向玫瑰图

## 6.4　干湿循环下泥化夹层宏细观损伤关联机制

### 6.4.1　宏细观损伤的关系

图 6-14 为泥质粉砂岩泥化夹层宏观损伤面积与细观损伤参数的关系，其宏观损伤面积占比与微细观孔隙个数、孔隙平均面积、分形维数有一定的对应关系。随着多次干湿循环试验的进行，泥质粉砂岩泥化夹层宏观损伤面积占比与微细观孔隙个数、分形维数大致呈正相关，与孔隙平均面积大致呈负相关。从变化速率上来说，损伤面积占比与孔隙平均面积、分形维数有较为明显的一致性，均表现为低次数干湿循环时变化速率大，而后变化速率减小并逐渐趋于稳定。

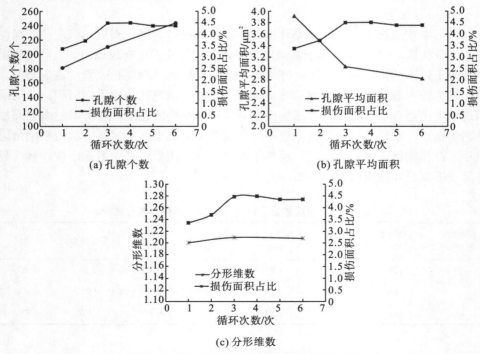

图 6-14　损伤面积与微细观损伤参数的关系

图 6-15 为平均裂隙总长与微细观损伤参数的关系，泥质粉砂岩泥化夹层宏观平均裂隙总长与微观孔隙个数、分形维数大致呈正相关，与微观孔隙平均面积大致呈负相关。从变换速率上来说，平均裂隙总长与孔隙平均面积、分形维数均表现为低次数干湿循环时变化速率大，而后变化速率减小并逐渐趋于稳定。

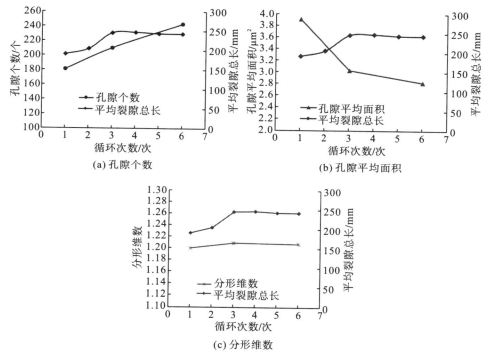

图 6-15 平均裂隙总长与微细观损伤参数的关系

总的来看，泥化夹层的宏观损伤表现为损伤萌生、损伤愈合、损伤发展三种情况，微细观损伤表现为团聚体连结弱化、团聚体碎裂移动、局部微细观结构定向坍塌。在干湿循环过程中，泥化夹层宏观裂隙损伤可由以下几种微细观结构损伤做出解释。

1)团聚体连结弱化导致宏观损伤萌生

粗颗粒矿物被黏土等细颗粒矿物包裹形成团聚体，团聚体之间同样由黏土等细颗粒矿物相互胶结，从而共同形成泥化夹层微细观结构。干湿循环过程中黏土矿物受影响显著，在微细观层面会发生软化、溶解、胀缩等效应。干燥的矿物表面被水浸润时，受到裂隙宽度限制会产生楔劈作用，即水分子"挤入"细微裂纹中产生不均匀内应力，这种不均匀内力使孔隙周围发育微裂隙，从而进一步加强了水与岩土体的作用，导致结构破坏。从微细观图像可以看到，团聚体之间的黏土等细颗粒矿物受影响更明显，胶结弱化导致团聚体之间的连结减弱甚至断裂，同时团聚体自身也开始从表面出现碎裂趋势，如示意图中虚线所示。团聚体之间连结断裂，在宏观尺度上便成了新的微小损伤(图 6-16)。

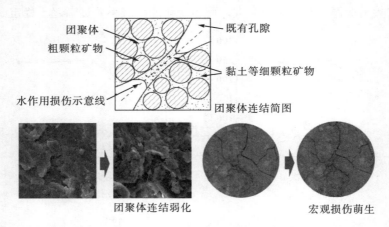

图 6-16　团聚体之间连接弱化

2)团聚体碎裂移动导致宏观部分损伤愈合

在造成团聚体之间胶结弱化的基础上，干湿循环过程中的水作用进一步加剧，团聚体内部的黏土等细颗粒矿物变化破坏了团聚体自身的结构，团聚体因自身的胶结能力减弱而逐渐破碎崩解。粗颗粒矿物的原始稳定性被破坏后，开始在重力和水的带动下发生运移，其中一部分移动到了既有的孔洞裂隙中，微细观结构发生重组并重新稳定。反映到宏观层面，一部分既有的微裂隙在干湿循环后反而消失了，即出现了损伤愈合的现象(图 6-17)。

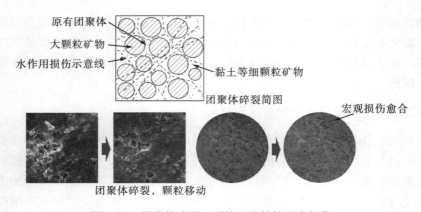

图 6-17　团聚体碎裂、颗粒运移填补既有损伤

3)局部微细观结构定向崩塌造成宏观损伤发展

干湿循环对泥化夹层微细观结构的排列无显著影响，且观测区孔隙呈现出一定的区域定向性。因为水在孔隙中作用的不均匀性和孔隙的定向性，孔隙在薄弱方向更容易发生拓展，并且程度逐渐增大。孔隙的连通导致结构按一定方向发生坍塌形成裂隙，裂隙会继续沿着结构最薄弱的方向开展。反映到宏观上则表现为裂隙长度的增长，泥化夹层整体损伤面积增加(图6-18)。

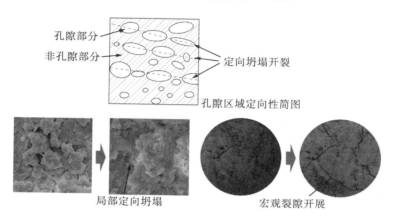

图6-18　裂隙沿一定方向形成并开展

## 6.4.2　宏细观损伤与力学特性的关联

表6-5展示了干湿循环后泥质粉砂岩泥化夹层的黏聚力与内摩擦角，图6-19为黏聚力与主要宏细观损伤特征参数的关系。由图6-19可知，黏聚力与损伤面积、裂隙总长、微观孔隙个数、分形维数大致呈负相关的关系；黏聚力与孔隙平均面积大致呈正相关的关系，随着干湿循环次数的增加，孔隙平均面积逐渐减小并趋于稳定，相应的黏聚力也逐渐降低并趋于稳定。

干湿循环下，泥化夹层黏聚力变化的本质是微细观孔隙数量增多、孔隙尺寸变小，导致团聚体碎裂，同时微孔隙沿着一定的方向逐步发展为长裂隙，从而在宏观层面导致泥化夹层开裂，黏聚能力减弱。随着微细观孔隙损伤演化的逐渐稳定，宏观损伤变化也逐渐稳定，黏聚力降低的幅度也逐渐减弱并趋于稳定。

表6-5　干湿循环后泥化夹层宏观力学参数

| | 循环次数/次 | | | | | |
| --- | --- | --- | --- | --- | --- | --- |
| | 1 | 2 | 3 | 4 | 5 | 6 |
| 黏聚力 $c$/kPa | 59.253 | 55.52 | 45.6 | 31.815 | 23.62 | 23.696 |
| 摩擦角 $\varphi$/(°) | 13.918 | 11.326 | 14.639 | 15.312 | 18.185 | 13.928 |

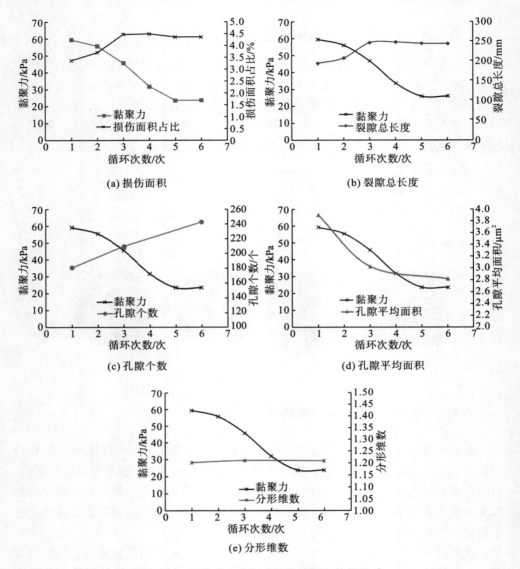

(a) 损伤面积

(b) 裂隙总长度

(c) 孔隙个数

(d) 孔隙平均面积

(e) 分形维数

图 6-19　黏聚力与宏细观损伤特征参数的关系

# 6.5　本 章 小 结

　　本章利用前文所建立的泥化夹层宏细观损伤特征量化表征方法,探究了干湿循环和三向受力条件下泥化夹层渐进损伤规律,阐释了宏观损伤、微细观损伤、宏观力学特性三者之间的关系,主要结论如下:

　　(1)通过对泥化夹层加载过程进行 CT 扫描,实现了对其内部损伤演化过程的无损检测，定性和定量地分析了泥化夹层内部损伤演化过程，揭示了不同围压下泥化夹层内部的损伤演化规律。无围压时，试样损伤的发展是从碎屑附近的微裂隙、微孔洞开始，损伤发展过程中微裂隙初始损伤呈现出绕开碎屑发展、贯通的规律；有围压时，试样截面的 CT 数呈上升趋势，说明试样原有结构不断遭到破坏，塌落的颗粒填充了原有孔洞，这也导致泥化夹层的应力-应变曲线呈硬化型。

(2)基于有效变形模量定义了泥化夹层的损伤变量，建立了三向受力时泥化夹层损伤演化方程和损伤本构关系。损伤本构关系表示如下：

$$\Delta\sigma_1 = \begin{cases} 10E_0\varepsilon_1, & \varepsilon_1 \leqslant \varepsilon_c \\ 10mE_0\varepsilon_1^{n+1}, & \varepsilon_1 > \varepsilon_c \end{cases}$$

(3)干湿循环下泥化夹层宏细观损伤主要是宏观裂隙和微细观孔隙的发育，损伤演化可分为快速损伤、缓慢损伤和损伤稳定三个阶段。宏观裂隙长度的增加在宏观损伤面积增加中起主要作用，泥化夹层宏观结构对前 3 次干湿循环更为敏感，第 5 次循环后逐渐趋于稳定；微细观尺度上，泥化夹层表现为孔隙数量增加、孔隙面积减小、孔隙分形维数增加，反映出团聚体越发破碎、胶结能力降低、整体黏聚力减弱。孔隙平均形状系数、概率熵和定向性均变化不大，反映出干湿循环对团聚体的圆度、有序性、定向性影响不大，即对内摩擦角影响较小。

(4)干湿循环下泥化夹层宏观裂隙损伤是由微细观孔隙损伤定向贯通逐渐形成的，水分的存在导致裂隙沿薄弱结构展开并相互连接贯通。宏细观损伤参数的关系如下：宏观损伤面积、平均裂隙总长与微观孔隙个数、分形维数呈正相关，与微观孔隙平均面积呈负相关；黏聚力与宏观的损伤面积占比、裂隙总长度和微观的孔隙数量、分形维数呈负相关，与微观孔隙平均面积呈正相关。宏细观损伤参和黏聚力对短期干湿循环作用更为敏感，随着循环次数的增加都表现出变化速率减小并稳定的趋势，最终黏聚力存在约 39%的残余。

# 参 考 文 献

白雪. 2012. 聚类分析中的相似性度量及其应用研究[D]. 北京: 北京交通大学.

曹亮, 李晓昭, 赵晓豹, 等. 2012. 苏州软弱敏感层的土体微观结构定量分析[J]. 工程地质学报, 20(3): 419-426.

苌姗姗, 胡进波, Bruno C, 等. 2011. 氮气吸附法表征杨木应拉木的孔隙结构[J]. 林业科学, (10): 134-140.

陈建峰, 李辉利, 周健. 2010. 黏性土宏细观参数相关性研究[J]. 力学季刊, 31(2): 304-309.

陈希哲. 2003. 土力学地基基础[M]. 北京: 清华大学出版社.

陈新, 杨强, 周维垣. 2007. 岩土材料塑性损伤模型及拱坝的变形局部化分析[J]. 岩土力学, 28(5): 865-870.

陈悦, 李东旭. 2006. 压汞法测定材料孔结构的误差分析[J]. 硅酸盐通报, (4): 198-201, 207.

程鹏, 高抒, 李徐生. 2001. 激光粒度仪测试结果及其与沉降法、筛析法的比较[J]. 沉积学报, 3(3): 449-455.

褚卫军. 2015. 干湿循环作用下红黏土胀缩变形特性及裂缝扩展规律研究[D]. 贵州: 贵州大学.

范留明, 李宁. 2004. 基于模式识别技术岩体裂隙图像的智能解译方法研究[J]. 自然科学进展, 14(2): 236–240.

方庆军, 洪宝宁. 2014. 岩土体微细结构研究进展[J]. 科学技术与工程, 14(17): 143-149.

方祥位, 申春妮, 李春海, 等. 陕西蒲城黄土微观结构特征及定量分析[J]. 岩石力学与工程学报, 2013, 32(9): 1917-1925.

冯永安, 刘万军. 2007. 边缘检测改进算法在路面破损检测中的应用[J]. 辽宁工程技术大学学报, (S2): 176-178.

甘健胜. 2005. 概率论与数理统计[M]. 北京: 北京交通大学出版社.

高彦斌, 王江锋, 叶观宝, 等. 2009. 粘性土各向异性特性的 PFC 数值模拟[J]. 工程地质学报, 17(5): 638-642.

关虓, 牛荻涛, 王家滨, 等. 2015a. 基于 Weibull 强度理论的混凝土冻融损伤本构模型研究[J]. 混凝土, (5): 5-9, 13.

关虓, 牛荻涛, 王家滨, 等. 2015b. 考虑塑性应变及损伤阈值的混凝土冻融损伤本构模型研究[J]. 防灾减灾工程学报, 35(6): 777-784.

关虓, 牛荻涛, 王家滨, 等. 2016. 喷射混凝土受压损伤本构模型研究[J]. 铁道学报, (12): 118-124.

韩立发, 刘亚云. 2004. 试论沉降法测定颗粒粒度及其分布[J]. 水泥工程, (6): 19-21.

何俊, 王娟, 王宇. 2012. 压实黏土干燥裂隙及渗透性能研究[J]. 工程地质学报, 20(3): 397-402.

何满潮, 薛廷河, 彭延飞. 2001. 工程岩体力学参数确定方法的研究[J]. 岩石力学与工程学报, (2): 225-229.

何伟朝. 2013. 冻融循环作用下路基土的剪切强度及其微观结构研究[D]. 长春: 吉林大学.

洪宝宁. 2010. 土体微细结构理论与试验[M]. 北京: 科学出版社.

胡启军. 2008. 长大顺层边坡渐进失稳机理及首段滑移长度确定的研究[D]. 成都: 西南交通大学.

胡容泽. 1982. 粉末颗粒和孔隙的测量[M]. 北京: 冶金工业出版社.

胡瑞林. 1995. 粘性土微结构定量模型及其工程地质特征研究[M]. 北京: 地质出版社.

黄润秋. 2007. 20 世纪以来中国的大型滑坡及其发生机制[J]. 岩石力学与工程学报, (3): 433-454.

贾善坡, 陈卫忠, 于洪丹, 等. 2011. 泥岩渗流应力耦合蠕变损伤模型研究[J]. 岩土力学, 32(9): 2596-2602.

姜袁, 柏巍, 戚永乐, 等. 2008. 基于 CT 扫描数据的混凝土细观结构的三维重建[J]. 三峡大学学报(自然科学版),

30(1): 52-55.

蒋运忠, 王云亮, 汪时机. 2011. 在 MATLAB 环境下实现膨胀土 CT 图像的三维重建[J]. 西南大学学报(自然科学版), 33(3): 144-148.

巨文军, 申丽红, 郭丹丹. 2009. 氮气吸附法和压汞法测定 Al₂O₃ 载体孔结构[J]. 广东化工, (8): 213-214+228.

孔令荣. 2007. 饱和软粘土的微结构特性及其微观弹塑性本构模型[D]. 上海: 同济大学.

库建刚, 何逵, 徐露, 等. 2015. 重力沉降法测定流体中颗粒运动阻力系数及其验证[J]. 矿冶工程, (1): 31-34.

雷胜友, 唐文栋. 2006. 原状黄土硬化屈服的损伤试验研究[J]. 土木工程学报, 39(2): 73-77.

黎伟, 刘观仕, 姚婷. 2014. 膨胀土裂隙图像处理及特征提取方法的改进[J]. 岩土力学, 35(12): 3619-3626.

李伟. 2008. 粘性土基本力学特性微结构机理研究[D]. 上海: 同济大学.

李文平, 张志勇, 孙如华, 等. 2006. 深部粘土高压 K₀ 蠕变试验及其微观结构各向异性特点[J]. 岩土工程学报, (10): 1185-1190.

李向全, 胡瑞林. 1999. 粘性土固结过程中的微结构效应研究[J]. 岩土工程技术, (3): 52-56.

李向全, 胡瑞林, 张莉. 2000. 软土固结过程中的微结构变化特征[J]. 地学前缘, 7(1): 147-152.

李晓娟, 倪骁慧, 朱珍德. 2015. 基于细观损伤力学试验的大理岩单轴压缩统计损伤模型[J]. 水力发电学报, 34(5): 119-123.

李晓军, 张金夫, 刘凯年, 等. 2006. 基于 CT 图像处理技术的岩土材料有限元模型[J]. 岩土力学, 27(8): 1331-1334.

李晓军. 1999. 路基填土破损过程的细观识别与破损参数测定[D]. 西安: 西安公路交通大学.

廖雄华, 周健, 徐建平, 等. 2002. 黏性土室内平面应变试验的颗粒流模拟[J]. 水利学报, 12(2): 11-17.

凌建明, 孙钧. 1993. 脆性岩石的细观裂纹损伤及其时效特征[J]. 岩石力学与工程学报, 12(4): 304-312.

刘保国, 崔少东. 2010. 泥岩蠕变损伤试验研究[J]. 岩石力学与工程学报, 29(10): 2127-2133.

刘春, 王宝军, 施斌, 等. 2008. 基于数字图像识别的岩土体裂隙形态参数分析方法[J]. 岩土工程学报, 30(9): 1383-1388.

刘敏翔, 王卫星. 2008. 基于紫外光图像的岩石裂隙骨架抽取[J]. 计算机应用, (11): 2900-2903.

刘珊. 2014. 结构性黏土力学特性与微观形态试验研究[D]. 徐州: 中国矿业大学.

刘玉臣, 王国强, 林建荣. 2006. 基于模糊理论的路面裂缝图像增强方法[J]. 筑路机械与施工机械化, (2): 35-37.

陆银龙, 王连国. 2015. 基于微裂纹演化的岩石蠕变损伤与破裂过程的数值模拟[J]. 煤炭学报, 40(6): 1276-1283.

陆兆溱. 1989. 工程地质学[M]. 北京: 水利水电出版社: 26-27.

罗勇. 2007. 土工问题的颗粒流数值模拟及应用研究[D]. 杭州: 浙江大学.

吕海波, 汪稔, 赵艳林, 等. 2003. 软土结构性破损的孔径分布试验研究[J]. 岩土力学, (4): 573-578.

吕毅, 吕国志, 孙龙生. 2009. 基于有限元计算细观力学的 RVE 库的建立与应用[J]. 机械强度, (5): 851-856.

吕毅, 吕国志, 赵庆兰, 等. 2008. 基于有限元计算细观力学的复合材料宏观性能的一体化预测[J]. 西北工业大学学报, (5): 640-644.

马巍, 吴紫汪, 蒲毅彬, 等. 1997. 冻土三轴蠕变过程中结构变化的 CT 动态监测[J]. 冰川冻土, 19(1): 52-57.

毛灵涛, 毕玉洁, 左建民, 等. 2010. 基于 CT 图像分析建立岩土材料数值模型的方法研究[J]. CT 理论与应用研究, 19(4): 27-34.

倪骁慧, 朱珍德, 武沂泉. 2009. 基于 SEM 的大理岩单轴受压全过程细观损伤量化研究[J]. 金属矿山, (9): 29-32, 88.

牛岑岑, 王清, 苑晓青, 等. 2011. 渗流作用下吹填土微观结构特征定量化研究[J]. 吉林大学学报(地球科学版), (4): 1104-1109.

彭贞. 2012. 重塑膨胀土结构性损伤力学特性研究[D]. 重庆: 西南大学.

桑凯. 2013. 近60年中国滑坡灾害数据统计与分析[J]. 科技传播, (10): 124, 129.

沈珠江. 1996. 土体结构性的数学模型——21世纪土力学的核心问题[J]. 岩土工程学报, (1): 95-97.

施斌, 李生林, Tolkachev M. 1995. 粘性土微观结构 SEM 图像定量研究[J]. 中国科学(A辑), 25(6): 666-672.

施斌, 王宝军, 姜洪涛. 1996. 击实粘性土微观结构特性的定量评价[J]. 科学通报, (5): 438-441.

施斌. 1996a. 粘性土击实过程中微结构的定量评价[J]. 岩土工程学报, 18(4): 57-62.

施斌. 1996b. 粘性土微观结构研究回顾与展望[J]. 工程地质学报, 4(1): 39-44.

孙德安, 黄丁俊. 2015. 干湿循环下南阳膨胀土的土水和变形特性[J]. 岩土力学, (36): 115-119.

孙世军. 2011. 重塑膨胀土宏细观结构演化 CT—三轴试验研究[D]. 重庆: 西南大学.

孙星亮. 2004. 冻结粉质粘土细观变形机理及其各向异性损伤模型研究[D]. 武汉: 中国科学院研究生院(武汉岩土力学研究所).

唐朝生, 王德银, 施斌, 等. 2013. 土体干缩裂隙网络定量分析[J]. 岩土工程学报, 35(12): 2298-2305.

田华, 张水昌, 柳少波, 等. 2012. 压汞法和气体吸附法研究富有机质页岩孔隙特征[J]. 石油学报, (3): 419-427.

田岳明, 黄双喜, 吕金城, 等. 2006. 激光粒度分布仪应用于长江泥沙颗粒分析研究[J]. 水资源研究, (1): 36-44.

汪闻韶. 2005. 土体液化与极限平衡和破坏的区别和关系[J]. 岩土工程学报, 27(1): 1-10.

王安明, 杨春和, 陈剑文, 等. 2009. 层状盐岩体非线性蠕变本构模型[J]. 岩石力学与工程学报, (S1): 2708-2714.

王宝军. 2009. 基于标准差椭圆法 SEM 图像颗粒定向研究原理与方法[J]. 岩土工程学报, (7): 1082-1087.

王凤娥, 朱昌星. 2009. MATLAB 环境下岩石 SEM 图像损伤分形维数的实现[J]. 舰船电子工程, 29(8): 144-146.

王菁, 武亮, 糜凯华, 等. 2015. 三级配混凝土二维随机多边形骨料模型数值模拟[J]. 人民长江, (11): 71-75.

王静. 2012. 季冻区路基土冻融循环后力学特性研究及微观机理分析[D]. 长春: 吉林大学.

王亮. 2015. 干湿循环作用下红黏土强度衰减特性及裂缝扩展规律研究[D]. 贵州: 贵州大学.

王清, 孙明乾, 孙铁, 等. 2013. 不同处理方法下吹填土微观结构特征[J]. 同济大学学报(自然科学版), (9): 1286-1292.

王清, 王凤艳, 肖树芳. 2001. 土微观结构特征的定量研究及其在工程中的应用[J]. 成都理工学院学报, (2): 148-153.

王绍全, 申杨凡, 何钰龙, 等. 2015. 冻融作用下石灰改良土微观特性研究[J]. 路基工程, (3): 75-78, 83.

王亚奇, 钱振东, 陈辉方, 等. 2015. 基于数字图像处理技术的大孔隙沥青混合料有限元建模[J]. 现代交通技术, (1): 1-3.

王一兆. 2014. 土体颗粒尺度效应的理论与试验研究[D]. 广州: 华南理工大学.

吴东旭, 姚勇, 梅军, 等. 2014. 砂卵石土直剪试验颗粒离散元细观力学模拟[J]. 工业建筑, (5): 79-84.

吴立新, 王金庄, 孟顺利. 1998. 煤岩损伤扩展规律的即时压缩 SEM 研究[J]. 岩土力学与工程学报, 17(1): 9-15.

吴义祥. 1991. 工程粘性土微观结构的定量评价[J]. 中国地质科学院院报, (2): 143-151.

吴紫汪, 马巍, 蒲毅彬, 等. 1997. 冻土蠕变变形特征的细观分析[J]. 岩土工程学报, 19(3): 1-6.

肖洪天, 周维垣, 杨若琼. 1999. 岩石裂纹流变扩展的细观机理分析[J]. 岩石力学与工程学报, (6): 623-626.

肖宇. 2012. 聚类分析及其在图像处理中的应用[D]. 北京: 北京交通大学.

谢和平. 1990. 岩石混凝土损伤力学[M]. 徐州: 中国矿业大学出版社: 152-166.

谢仁军, 吴庆令. 2009. 用环境扫描电子显微镜研究膨胀土在不同含水量下微观结构的变化[J]. 中外公路, 29(5): 37-39.

徐辉, 王靖涛, 卫军. 2006. 饱和黏性土固结不排水剪切行为的细观力学分析[J]. 岩石力学与工程学报, (S2): 4083-4088.

徐辉. 2007. 土的细观损伤本构模型[D]. 武汉: 华中科技大学.

许晓丽. 2013. 基于聚类分析的图像分割算法研究[D]. 哈尔滨: 哈尔滨工程大学.

阎瑞敏, 滕伟福, 闫蕊鑫. 2013. 水土相互作用下滑带土力学效应与微观结构研究[J]. 人民长江, 44(22): 82-85.

杨峰, 宁正福, 孔德涛, 等. 2013. 高压压汞法和氮气吸附法分析页岩孔隙结构[J]. 天然气地球科学, (3): 450-455.

杨卫. 1992. 细观力学和细观损伤力学[J]. 力学进展, (1): 1-9.

姚志华, 陈正汉, 黄雪峰, 等. 2010. 结构损伤对膨胀土屈服特性的影响[J]. 岩石力学与工程学报, 29(7): 1503-1512.

姚志华, 陈正汉. 2009. 重塑膨胀土干湿过程中细观结构变化试验研究[J]. 地下空间与工程学报, 5(3): 429-434.

尹小涛, 党发宁, 丁卫华, 等. 2006. 岩土CT图像中裂纹的形态学测量[J]. 岩石力学与工程学报, 25(3): 539-544.

游波, 王保田, 赵辰洋. 2012. 激光粒度仪在土工颗粒分析中的应用研究[J]. 人民长江, (24): 50-54.

余寿文. 1997. 损伤断裂的宏细观过程(1994—1996年工作总结)[J]. 力学进展, 27(1): 122-124

袁伦. 2010. 粒状土颗粒破碎机理的试验研究[D]. 武汉: 武汉理工大学.

张斌, 柴寿喜, 魏厚振, 等. 珊瑚颗粒形状对钙质粗粒土的压缩性能影响[J]. 工程地质学报, 2020, 28(01): 85-93.

张连英. 2012. 高温作用下泥岩的损伤演化及破裂机理研究[D]. 徐州: 中国矿业大学.

张全胜. 2003. 冻融条件下岩石细观损伤力学特性研究初探[D]. 西安: 西安科技大学.

张伟朋, 孙永福, 谌文武, 等. 2018. 一种基于SEM图像研究土体颗粒及孔隙分布特征的分析方法[J]. 海洋科学进展, 36(4): 605-613.

张小平, 施斌. 2007. 石灰膨胀土团聚体微结构的扫描电镜分析[J]. 工程地质学报, 15(5): 654-660.

张毅. 2013. 分水岭算法在图像分割中的应用研究[D]. 广州: 广东工业大学.

赵吉坤, 李骅, 张慧清. 2013. 基于离散元法的岩土细观破坏及参数影响研究[J]. 防灾减灾工程学报, 33(2): 218-224.

赵立业, 薛强, 万勇. 2016. 干湿循环作用下高低液限黏土防渗性能对比研究[J]. 岩土力学, 37(2): 446-452, 464.

郑立宁. 2012. 基于应变软化理论的顺层边坡失稳机理及局部破坏范围研究[D]. 成都: 西南交通大学.

周晖. 2013. 珠江三角洲软土显微结构与渗流固结机理研究[D]. 广州: 华南理工大学.

周健, 池永, 池毓蔚, 等. 2009a. 颗粒流方法及PFC2D程序[J]. 岩土力学, 21(3): 271-274.

周健, 池永. 2004. 土的工程力学性质的颗粒流模拟[J]. 固体力学学报, 25(4): 377-382.

周健, 池毓蔚, 池永, 等. 2000. 砂土双轴试验的颗粒流模拟[J]. 岩土工程学报, 22(6): 701-704.

周健, 廖雄华, 池永, 等. 2002. 土的室内平面应变试验的颗粒流模拟[J]. 同济大学学报, 30(9): 1044-1050.

周健, 王家全, 曾远, 等. 2009b. 土坡稳定分析的颗粒流模拟[J]. 岩土力学, 30(1): 86-90.

周阳. 2013. 黄土微结构数字图像处理与定量化方法的研究[D]. 西安: 西安科技大学.

朱宝龙, 巫锡勇, 李晓宁, 等. 2015. 合肥地区重塑黏性土细观结构演化三轴CT试验[J]. 西南交通大学学报, 50(1): 144-149.

卓丽春. 2014. 网纹红土微观结构特征的研究[D]. 长沙: 中南大学.

Aly A A , Deris S B , Zaki N . 2011. Research review for digital imagesegmentation techniques[J]. International Journal of Computer Science & Information Technology, 5(3): 99-106.

Anandarajah A. 1994. Diserete-element method for simulating behavior of cohesive soil[J]. Journal of Geoteehnical Engineering, 12(9): 1593-1613.

Anandarajah A. 2000a. Numerical simulation of one-dimensional behaviour of kaolinite[J]. Geotechnique, 50(5): 509-519.

Anandarajah A. 2000b. On influenee of fabric anisotropy on the stress-strain behaviour of clays[J]. Computers and Geotechnics, 27(1): 1-17.

Bai X, Smart R. 1997. Change in microstructure of kaolin in consolidation and undrained shear[J]. Geotechnique, 47(5): 1009-1017.

Bock H, Blumling P, Koniezky H. 2006. Study of the micro-mechanical behaviour of the Opalinus Clay: an example of co-operation across the ground engineering disciplines[J]. Bulletin of Engineering Geology & the Environment, 65(2): 195-207.

Borsic A, Comina C, Foti S, et al. 2005. Imaging heterogeneities with electrical impedance tomography: laboratory results[J]. Geotechnique, 55(7): 539-547.

Chang C S, Weeraratne S P, Misra A. 1989. A slip mechanism based constitutive model for granular soils[J]. Journal of Engineering Mechanies, 115(4): 790-807.

Comina C, Foti S, Musso G, et al. 2008. EIT oedometer: an advanced cell to monitor spatial and time variability in soil[J]. Geotechnical Testing Journal, 31(5): 35-47.

Costin L S. 1983. A microcrack model for the deformation and failure of brittle rock[J]. Journal of Geophysical Research, 88(1): 9485-9492.

Cundall P A, Strack O D L. 1979. The distinct element method as atool for research in granular media: part Ⅱ[R]. Minnesota: University of Minnesota.

Desbois G, Urai J L, Hemes S, et al. 2014. Nanometer-scale pore fluid distribution and drying damage in preserved clay cores from Belgian clay formations inferred by BIB-cryo-SEM[J]. Engineering Geology, 179(11): 117-131.

Deza M, Deza E. 2009. Encyclopedia of Distance[M]. New York: Springer.

Digabel H, Lantuejoul C. 1978. Iterative algotithms[C]//Proceeding 2nd European Symp. Quantitative Analysis of Microstructures in Material Science, Biology and Medicine. Sturrgart West Germany: Riederer Verlag.

Dougill J W . 1976. On stable progressively fracturing solids[J]. Zeitschrift für angewandte Mathematik und Physik ZAMP, 27(4): 423-437.

Drum E, Boles D, Wilson G. 1997. Desiccation cracks result in preferential flow[J]. Geotechnical News, 15(1): 22-25.

Dudoignon P, Pantet A, Carra L, et al. 2001. Macro-micro measurement of particle arrangenmet in sheared kaolinic matrices[J]. Geotechnique, 51(6): 493-499.

Gasc-Barbier M, Tessier D. 2007. Structural modifications of a hard deep clayey rock due to hygro-mechanical solicitations[J]. International Journal of Geomechanics, 7(3): 227-235

Gillott J E. 1969. Study of the fabric of fine-grained sediments with the scanning electron microscope[J]. Journal of Sedimentary Research , 39(1): 90-105.

Howarth D F, Rowlands J C. 1987. Quantitative assessment of rock texture and correlation with drillability and strength properties[J]. Rock Mechanics and Rock Engineering, 20(1): 57-85.

Hult J. 1985. Effect of Voids on Creep Rate and Streagth, Damage Mechanics and Continuum Modeling[M]. New York: American Society of Civil Engineers: 57.

Iwashita K, Oda M. 1998. Shear band development in modified DEM: importance of couple stress[J]. TASK Quarterly, 2(3): 443-460.

Konert M, Vandenberghe J. 1997. Comparison of laser grain size analysis with pipette and sieve analysis: a solution for the underestimation of the clay fraction[J]. Sedimentology, 44(3): 523-535.

Krajcinovic D, Sumarac D. 1989. A mesomechanics model for brittle deformation processes[J]. Journal of Applied Mechanics, 56(1): 51-56.

Lemaitre J, Chaboche J L. 1985. Mechanique des Materiaux Solides[M]. Paris: Dunod: 273-279.

Lemaitre J, Chaboche J L. 1990. Mechanics of Solid Materials[M]. London: Cambridge University Press: 56-59.

Lemaitre J. 1986. Local approach of fracture[J]. Engineering Fracture Mechanics, 25(5): 523-537:

Lemaitre J. 1987. Damage measurements[J]. Engineering Fracture Mechanics, 28(6): 643-661.

Martin R T, Ladd C C. 1975. Fabric of consolidated kaolinite[J]. Clays and Clay Minerals, 1975, 23(1): 17-25.

McConnachie I. 1974. Fabric changes in consolidated kaolin[J]. Géotechnique, 24(2): 207-222.

Moore C A, Donaldson C F. 1995. Quantifying soil microstructure using fractals[J]. Geotechnique, 45(1): 105-116.

Mora C F, Kwan A, Chan H C. 1998. Particle size distribution analysis of coarse aggregate using digital image processing[J]. Cement and Concrete Research, 28(6): 921-932.

Ng A Y, Jordan M I, Weiss Y. 2001. On spectral clustering: analysis and an algorithm[J]. Advances in Neural Information Processing Systems, (14): 849-856.

Ogilvie S R, Glover P W J. 2001. The petrophysical properties of deformation bands in relation to their microstructure[J]. Earth and Planetary ence Letters, 193(1-2): 129-142.

Rayhani M H T, Yanful E K, Fakher A. 2007. Desiccation-induced cracking and its effect on the hydraulic conductivity of clayey soils from Iran[J]. Canadian Geotechnical Journal, 44(3): 276-283.

Rayhani M H T, Yanful E K, Fakher A. 2008. Physical modeling of desiccation cracking in plastic soils [J]. Engineering Geology, (97): 25-31.

Schutter G D, Taerwe L. 1993. Random particle model for concrete based on Delaunay triangulation[J]. Materials & Structures, 26(2): 67-73.

Shepard R. 1962a. The analysis of proximities: multidimensional scaling with an unknown distance function I[J]. Psychometrika, 27(2): 125-140.

Shepard R. 1962b. The analysis of proximities: multidimensional scaling with an unknown distance function II[J].

Psychometrika, 27(3): 219-246.

Simms P H, Yanful E K. 2004. A discussion of the application of mercury intrusion porosimetry for the investigation of soils, including an evaluation of its use to estimate volume change in compacted clayey soils[J]. Geotechnique, 54(6): 421-426.

Steven R O, GloVer P W J. 2001. The petrophysical properties of deformation bands in relation to their microstructure[J]. Earth and Planetary Science Letters, 193(1-2): 129-142.

Thom R, Sivakumar R, Sivakumar V, et al. 2007. Pore size distri-bution of unsaturated compacted kaolin: the initial states and final states following saturation[J]. Geotechnique, 57(5): 469-474.

Tovey N K. 1973. Quantitative analysis of electron micrographs of soil structure[C]//GB Internat. Symp. on Soil Structure, Gothenburg, Swedish Geotechnical Society, Stockholm, 1973: 50-57.

Toveya N K, Dadey K A. 2002. Quantitative orientation and micro-porosity analysis of recent marine sediment microfabric[J]. Quaternary International, 92(1): 89-100.

Walraven J C, Reinhardt H W. 1991. Theory and experiments on the me-chanical behavior of cracks in plain and reinforced concrete subject toshear loading[J]. HERON, 26(1A): 26-35.

Xu H F, Younis A A, Kabuka M R. 2004. Automatic moving object extraction for content-based applications[J]. IEEE Transactions on Circuits & Systems for Video Technology, 14(6): 796-812.